Der Weg zu Weltinnovationen

Gunter R. K. Stahr

Der Weg zu Weltinnovationen

Unternehmen erfolgreich und zukunftsorientiert erneuern Eine praxisorientierte Anleitung

Springer Gabler

Prof. Dr. Dr. Gunter R. K. Stahr
Köln
Deutschland

ISBN 978-3-8349-3080-4 ISBN 978-3-8349-3725-4 (eBook)
DOI 10.1007/978-3-8349-3725-4

Die Deutsche Nationalbibliothek verzeichnet diese Publikation in der Deutschen Nationalbibliografie; detaillierte bibliografische Daten sind im Internet über http://dnb.d-nb.de abrufbar.

Springer Gabler

Lektorat: Ulrike M. Vetter
Einbandentwurf: KünkelLopka GmbH, Heidelberg

Gedruckt auf säurefreiem und chlorfrei gebleichtem Papier.

Springer Gabler ist eine Marke von Springer DE. Springer DE ist Teil der Fachverlagsgruppe Springer Science+Business Media
www.springer-gabler.de

Vorwort

Die vorliegende Publikation fokussiert drei Fragen, die zu Beginn des 21. Jahrhunderts von fundamentaler Bedeutung für die Neuausrichtung von Unternehmen in den westlichen Industrieländern sind (sein dürften), wenn sie eine führende Position im weltweiten Wettbewerb behaupten wollen:

1. Aus welchen Gründen ist eine Erneuerung des Produktionsprogramms für die nahe Zukunft zwingend bzw. dringend geboten?
2. Was tun für diese Erneuerung? Die Unternehmen verfügen über eine Vielfalt von Wegen zu weltweit innovativen Produkten! Einer verspricht höhere Erträge als der andere: Doch die Wege sind zeitraubend, verlangen ein Höchstmaß an Kreativität, ein effizientes Innovationsmanagement – und hohen Einsatz für Investitionen in Forschung und Entwicklung.
3. Welches neuartige Instrumentarium halten die Wirtschaftswissenschaften aufgrund ihres technisch-wissenschaftlichen Fortschritts für die Unternehmen bereit? Das vorliegende Buch erläutert Ansätze der Perspektivplanung und ein sogenanntes Vorausschau-Informationssystem.
4. Diese Veröffentlichung zielt darauf ab, dem Leser ein Handbuch für die eigene Arbeit zu präsentieren. Die Grundlage dafür lieferten die Sammlung einer Vielzahl von Berichten erfolgreicher (und auch weniger erfolgreicher) Unternehmen sowie Gespräche bzw. Interviews mit Geschäftsführern, insbesondere mittelständischer Unternehmen, mit leitenden Mitarbeitern von Verbänden, Unternehmensberatern, hochrangigen Beamten und mit Senior-Managern aus Großunternehmen.

Der abschließende Gedanke gebührt dem herzlich empfundenen Dank an die genannten Gesprächspartner: Dank für die Anregungen und Dank für die weitergereichten Erfahrungen, die sich zu Gedankengebäuden formten. Nur auf der Basis der Unterstützung dieser Partner war die vorliegende Veröffentlichung möglich.

Köln, im März 2012 Gunter Stahr

PS: Verspüren Sie nach der Lektüre den Wunsch zum persönlichen Kontakt?
ibus@stahrkoeln.de!

Inhaltsverzeichnis

Abbildungsverzeichnis

Teil I

Immenser Handlungsdruck – Erneuerung

Eine Herausforderung der USA und Chinas an Europa? 1

Einprägsame Schlagworte prägen Visionen. Die Spitzen der US-Regierung rufen Ihren amerikanischen Wettbewerbern gerade zu:

- Renewal – Change!

Die US-Administration untermauert diese Botschaft mit finanziellen Anreizen in Milliarden-Dollar-Budgets! (Obama, 26.3.2008, 18.1.2009 und 27.1.2011). Die Presse lobt das Programm als Obamanomics und verknüpft es mit dem in den USA hoch anerkannten Reagonomics als Inbegriff einer erfolgreichen neuen Wirtschaftspolitik (z. B. Wikipedia.org).

Die Vision der US-Regierung und die Aufforderung zum sofortigen Start mit der Erneuerung erfolgten keineswegs zufällig zu diesem Zeitpunkt: Der schnelle Aufstieg der VR China zur zweitgrößten Wirtschaftsmacht der Welt und das Versprechen der chinesischen Regierung, auch die USA in wenigen Jahren zu überrunden (IWF, Jennings 2011), werden dort als echte Herausforderung begriffen.

Und Sie als deutscher, als europäischer Manager?

Erinnern Sie sich noch: Wann löste China Deutschland als drittgrößte Volkswirtschaft der Welt ab? Wann übernahm China von Deutschland den Titel Exportweltmeister? Und wie sehen Experten aus den USA und China oder Indien die Zukunft Europas und sogar der westlichen Welt?

John Naisbitt, Autor des Weltbestsellers Megatrends, prognostiziert: „Europa wird sich eher zu einer Art Erlebnispark für reiche Asiaten und Amerikaner als zur wirtschaftlich dynamischen Region der Welt entwickeln. Europa hat den Weg des Niedergangs mit vereinten Kräften beschritten. Ein Weg ohne Wiederkehr." (Naisbitt 2007, S. 177).

Und die Financial Times (Naisbitt, ebenda) bestätigt: „Mit keiner einzigen (seiner Prognosen aus dem Jahre 1990) (Megatrends 2000, ergänzt vom Autor) lag er falsch: ein bemerkenswertes Resultat."

Auf dem Weltwirtschaftsforum in Davos prophezeit Chinas Delegierter beim IWF, Zhu Min, Vizepräsident der Bank of China, das Ende westlicher Dominanz und erklärt den

G. Stahr, *Der Weg zu Weltinnovationen*, DOI 10.1007/978-3-8349-3725-4_1,

westlichen Lebensstil für gescheitert. „Die USA seien, ähnlich wie Japan und Europa, eine alternde Gesellschaft, die Jahr für Jahr weniger konsumieren werde. Wir brauchen ein neues Wachstumsmodell, das alte ist jetzt gescheitert.“ (Spiegel Online und Handelsblatt.com, 26. Januar 2011)

Sie werden sich sagen: Geht es auch eine Hausnummer kleiner? Es stellt sich jedoch die (eher bange) Frage: Und wenn diese qualifizierten Zukunftsforscher recht behalten (sollten)?

Erneuerung in Europa – jetzt starten!? 2

Doch bevor wir uns diese Vision zu eigen machen, definieren wir zunächst den Begriff Erneuerung als Kurs nehmen auf etwas komplett Neues! Dieses beinhaltet, die Entwicklung des eigenen Unternehmens auf lange Sicht neu auszurichten!

▸ **Hypothese** Steht Ihr Unternehmen, wie viele andere aus den westlichen Industrieländern auch, vor einem **Erneuerungsstau bzw.** weist es eine **langfristige Erneuerungslücke** auf?

Diese Hypothese gilt es zu beweisen oder zu widerlegen!

2.1 Erneuerungslücke bestimmen!

Grundlage der Lückenanalyse

Die Lückenanalyse weist die Richtung für den Beweis oder Nicht-Beweis der obigen Hypothese. Die traditionelle Lückenanalyse in der BWL umfasst zwei Arbeitsschritte:

- Erstellung einer Zielprojektion bis zum Abschluss einer langfristig festgelegten Planungsperiode von zum Beispiel 20 bis 25 Jahren, untergliedert in Zeitabschnitte von 5, 10, 15 usw. Jahren: Diese Projektion beinhaltet die gewünschte bzw. anzustrebende Ausprägung von Zielgrößen wie Umsatz und Gewinn (= Vorgabe von Orientierungszielen als langfristige Absichten).
- Erarbeitung einer Prognose der tatsächlich bzw. realistischerweise zu erwartenden Entwicklung z. B. von Umsätzen und Gewinnen bis zum Abschluss der Planungsperiode (= hypothetische Normalentwicklung). Diese erreicht das Unternehmen, wenn es keine zusätzlichen Aktivitäten wie Erneuerung in komplett neuartigen Marktbereichen entfaltet. In diesem Falle extrapoliert man die Unternehmensentwicklung der Vergangenheit über die Ergebnisse der Gegenwart in die Zukunft.

G. Stahr, *Der Weg zu Weltinnovationen*, DOI 10.1007/978-3-8349-3725-4_2,

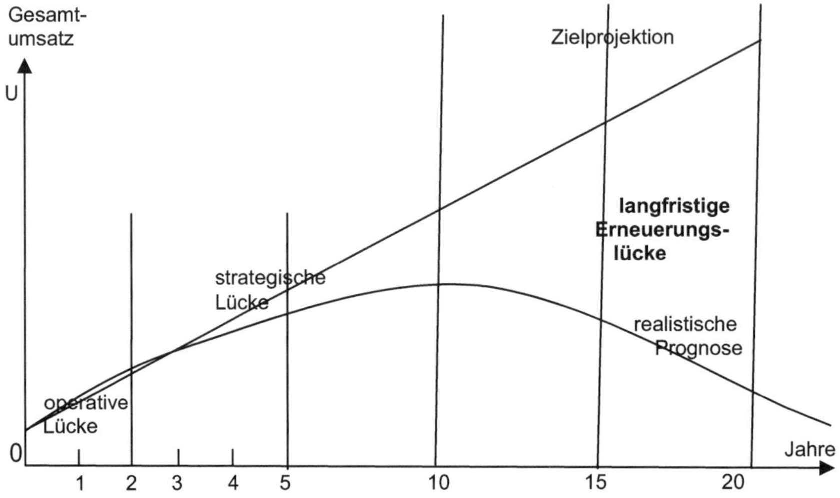

Abb. 2.1 Unterschiedliche Arten von Lücken

2.2 Erneuerungslücke abschätzen

Zwischen den Zielprojektionen auf der Ebene der Geschäftsführung und der hypothetischen Normalentwicklung klaffen erfahrungsgemäß z. T. erhebliche Lücken. Abbildung 2.1 identifiziert unterschiedliche Arten von Lücken.

Diese Lücken untergliedern sich nach Zeithorizonten in

- operative Lücken auf kurzfristige Zeiträume von 1 bis 2 Jahren,
- mittelfristig-strategische Lücken auf Zeiträume von 3 bis 5 Jahren, also auf mittlere Fristen, und
- langfristig-strategische Erneuerungslücken auf Zeiträume von mehr als 6 Jahren bis zum Abschluss z. B. einer Planungsperiode von bis zu 25 Jahren.

Welche Ursachen operative und mittelfristig-strategische Lücken, auch im Bereich des weltweiten Geschäfts, aufweisen, und wie sie sich mit geeigneten Maßnahmen und Aktionsprogrammen schließen lassen, behandelt eine Vielzahl von Autoren in ausführlicher Form. Die folgenden Ausführungen erörtern die Frage nach den Ursachen von langfristig-strategischen Umsatz- und Gewinnlücken und damit nach den Ursachen der Erneuerungslücke.

2.3 Längerfristige Existenzsicherung im Fokus

Die traditionelle Management- und Betriebswirtschaftslehre akzeptiert berechtigterweise die These: Gewinn ist die unabdingbare Voraussetzung – auch die der langfristigen Existenzsicherung.

Üblicherweise erscheint der ROI bzw. die Rentabilität auf das eingesetzte Kapital die geeignete Größe für die Erfolgsbeurteilung und als Vorgabe für die mittel- bis langfristige Planung. Für die Steuerung der Unternehmensentwicklung entstanden weitere Ergebnisvarianten wie ROCE (= Return on Capital Employed) oder EBIT (Earnings before Interest and Taxes) oder EVA (Economic Value Added).

Die dynamische Unternehmensentwicklung basiert nach wie vor auf der gängigen Vorstellung eines angemessenen Wachstums. Zur Festlegung eines Ziels für langfristiges, gesundes Unternehmenswachstum lässt sich das moderne Konzept eines langfristigen „Wachstumskorridors“ verwenden (Felic, Gomez und Raisch, Harvard Business Manager 10/2009, S. 104 ff.). Als Messgröße für das Wachstumsziel eignen sich langfristige Umsatzziele in der Ausgestaltung als Von-bis-Ziele. Solche Ziele beziehen sich stets auf das Produktionsprogramm Ihres Unternehmens: in der Gegenwart, in 5 Jahren, in 10 Jahren usw. Als „gesundes und nachhaltiges Wachstum“ ist ein höheres Umsatzwachstum als das der wichtigsten Konkurrenten in den jeweiligen Branchen zu erreichen.

2.4 Fokussierung auf Gewinn: existenzgefährdend?

Der Gewinn und die genannten Kennzahlen erweisen sich aus drei wesentlichen Gründen für die langfristige Steuerung von Unternehmen als problematisch bzw. sie gefährden sogar deren langfristige Existenz:

1. Dieses Konzept fokussiert die Erfolgsbeurteilung auf nur eine einzige Kennzahl. Und bei dieser Größe handelt es sich um eine in Geldeinheiten ausgedrückte sogenannte monetäre Größe.
2. Die meisten der genannten Kennzahlen ermittelt man zum Abschluss einer Planungs- oder Berichtsperiode. Sie drücken damit deren Ergebnisse aus. Sie enthalten jedoch keinen Hinweis darauf, wie das betriebliche Ergebnis zustande gekommen ist.
3. Der aktuelle Gewinn charakterisiert nur den finanziellen Erfolg bzw. Misserfolg vergangener Handlungen und/oder Versäumnisse.

Bei den unterschiedlichen Messgrößen der genannten Kennzahlen aus dem Finanzbereich wie ROI, Cashflow oder Stückdeckungsbeitrag handelt es sich sämtlich um sogenannte nachlaufende bzw. der eigentlichen Entwicklung hinterherhinkende Indikatoren (lagging indicators). Sie erlauben es damit, im Nachherein Rechenschaft über Aktivitäten der Vergangenheit abzulegen.

Ein Zielsystem, das zur Steuerung langfristiger Prozesse im Unternehmen geeignet ist, hat der Anforderung zu genügen, dass es auch z. T. langfristige zeitliche Verzögerungen zwischen betrieblichem Handeln und wirtschaftlichem Erfolg berücksichtigt (Jossé 2005, S. 12).

Um einen Gewinn in einer zukünftigen Periode zu erreichen, und nur dieser sichert die Existenz der Unternehmung in der Zukunft, hat die betriebliche Steuerung einem System von Kennzahlen zu folgen, das folgende Anforderungen erfüllt:

- Die Kennzahlen müssen im Rahmen der langfristigen und strategischen Steuerung als „Vorgrößen des Gewinns" fungieren (können).
- Sie müssen als Frühindikatoren (leading indicators) die zeitliche Verzögerung zwischen den Unternehmensaktivitäten und deren wirtschaftlicher Ausreife als Erfolgsgröße integrieren.
- Und sie müssen sich als Vorsteuerungsgrößen für den zum Abschluss der Planungsperiode erforderlichen Erfolg (Gewinn) eignen.

Produktionsprogramm als Gewinn vorauseilender Indikator

Die Ausgestaltung Ihres Produktionsprogramms, dessen Orientierung am Wandel der Abnehmerwünsche und am Grad der Zufriedenheit potenzieller Kunden lässt sich als vorauseilende Kennzahl der Gestaltung der Unternehmensentwicklung begreifen. Das heißt, eine derartige Kennzahl zeigt spätere Auswirkungen auf den Finanzbereich im Voraus an. Die Märkte der Zukunft sind mit den richtigen Produkten zu marktgerechten Preisen zu bedienen. Auf diese Weise sind die Renditeziele zu erreichen. Oder anders ausgedrückt: Einem hohen Marktanteil, Umsatzsteigerungen und niedrigen Stückkosten sowie hohem Gewinn geht die Kundenzufriedenheit aus Produkteigenschaften und/oder aus einem umfassenden Sortiments- und Serviceangebot voraus.

Check: Zukunftsfähigkeit Ihres Produktionsprogramms

3

Damit stellt sich die Aufgabe, das gegenwärtige Sortiment bzw. das Produktionsprogramm nach Produktgruppen auf seine Zukunftsfähigkeit zu überprüfen! Welche Art langfristig wirkender Ursachen führt zu Bedrohungen der Zukunftsfähigkeit des bisherigen Produktionsprogramms?

Für diesen Test erfolgt in einem ersten Schritt eine Auflistung von Fragen an relevante langfristige Entwicklungen im Umfeld. Abbildung 3.1 listet beispielhaft derartige Fragen auf.

Check der Zukunftsfähigkeit
Produktgruppe A: Fragen!

- Ist der Markteintritt neuer Wettbewerber aus Schwellenländern in Ihrer Branche auf Ihren Absatzmärkten in den westlichen Industrieländern zu erwarten? Entsteht dort eine Produktion mit hohen Wachstumsraten und wann führt diese zu steigenden Exporten?
- Sind die Märkte in den Industrieländern bereits gesättigt und befindet sich die Produktgruppe in der Abstiegsphase ihres Marktlebenszyklus?
- Verändert sich in der nahen Zukunft die Schichtung der potenziellen Abnehmer für diese Produktgruppe? Und welche Konsequenzen hat diese für den Absatz dieser Gruppe?
- Ist in den kommenden Jahren mit einer Verknappung von Rohstoffen zu rechnen, die Sie bei der Herstellung Ihrer Produkte einsetzen? Und welche unterliegen hohen Preissteigerungen?
- Welche neuen Wettbewerber aus China, Indien usw. greifen Ihre Märkte in den westlichen Industrieländern insbes. in den Niedrig- und Mittelpreis-Segmenten an? Verursachen diese ggf. den Verlust bisheriger Großabnehmer?

Abb. 3.1 Zukunftsfähigkeit des Produktionsprogramms

G. Stahr, *Der Weg zu Weltinnovationen*, DOI 10.1007/978-3-8349-3725-4_3,

4 Abschätzung der Erneuerungslücke

In einem zweiten Schritt ist das Ausmaß der Erneuerungslücke abzuschätzen, das die genannten Entwicklungen verursacht.

Die folgenden fünf Typen vorausschauender Analysen erlauben es Ihnen, den Wandel in den angesprochenen Bereichen des Umfeldes zu analysieren und zu prognostizieren.

1. Die **Analyse des Technologietransfer-Zyklus** identifiziert die Entstehung von Wettbewerb in Schwellenländern und ermöglicht die Prognose, wann Ihnen der Verlust Ihrer Exportmärkte droht!
2. Die **Analyse des Marktlebenszyklus** lässt Sie gesättigte Märkte frühzeitig erkennen und erlaubt es Ihnen, deren Abstieg zu prognostizieren!
3. Die **Analyse der** langfristigen Entwicklung Ihrer **Abnehmergruppen** versetzt Sie in die Lage, einen Abnehmerschwund oder eine Umschichtung Ihrer bisherigen Abnehmergruppen zu prognostizieren!
4. **Analyse des** sogenannten **China-Codes:** Sie umfasst eine Analyse und Prognose der staatlich-gesellschaftlichen Bedingungen, die für Ihre potenziellen Konkurrenten Wettbewerbsvorteile bedeuten. Und es erfolgt eine Analyse der Entwicklungspfade Ihrer potenziellen Wettbewerber. Diese Analyse ist auf weitere erfolgreiche Schwellenländer wie Brasilien, Indien und Russland zu erweitern.
5. Analyse und **Vorausschau der Verknappung** und der **Gefährdung der Belieferung mit Rohstoffen,** die Sie für die Herstellung Ihrer Produkte benötigen.

▸ **Tipp** Sämtliche Analysetypen, die Sie einsetzen, müssen den Kriterien „einfach zu handhaben", „leicht zu strukturieren" und „Verwendung von Indikatoren mit zeitlich relativ stabiler Entwicklung", „hoch aussagefähige Resultate" sowie „Informationsbedarf schnell und kostengünstig zu beschaffen" genügen.

G. Stahr, *Der Weg zu Weltinnovationen*, DOI 10.1007/978-3-8349-3725-4_4,

Auswahl der Branchen

Welche Branchen bestimmen den Absatzmarkt Ihres Unternehmens?

▸ **Tipp** Zu untersuchen sind vorrangig Branchen, bei denen rasche Veränderungen in der Vergangenheit zu verzeichnen waren und in der Zukunft zu erwarten sein werden.

▸ **Beachten Sie** Bei einem diversifizierten Unternehmen ist ggf. eine größere Anzahl von Branchen zu analysieren. Und: Der Absatzmarkt kann vom Markt einer bestimmten Branche abweichen und z. B. nur einen Marktausschnitt betreffen.

4.1 Frühwarnung: Wettbewerb aus Schwellenländern

Bei der folgenden Analyse geht es um eine **Frühwarnung:** Sie soll Ihnen die Entstehung und das Erstarken von Wettbewerb in Schwellenländern signalisieren!

4.1.1 Konzept des Technologietransfer-Zyklus

Prinzipiell durchlaufen alle Produkte den im Folgenden beschriebenen Technologietransfer-Zyklus mit vier Phasen:

- In der ersten Phase bringt ein Pionierunternehmen – in der Regel in einem Hochindustrieland gelegen – ein innovatives Produkt auf den Markt. Es startet als Monopolist und verfügt über eine einzigartige Exportstärke. Diese nutzt das Unternehmen insbesondere für Exporte in andere Hochindustrieländer.
- In der zweiten Phase entstehen vorrangig im eigenen Land und in den anderen Hochindustrieländern (= in den bisher überwiegenden Exportmärkten) neue Wettbewerber. Diese beliefern die eigenen Märkte und exportieren ihrerseits in andere Industrieländer sowie in Schwellen- und Entwicklungsländer. Das Pionierunternehmen verliert deutlich an Wettbewerbsvorteilen und der relative Erfolg in Exportmärkten vermindert sich.
- In der dritten Phase entstehen zusätzlich neue Wettbewerber, insbesondere in Schwellenländern, und das Pionierunternehmen erleidet weiterhin Verluste an Wettbewerbsstärke.
- In der vierten Phase haben sich die Wettbewerbsvorteile der Konkurrenten, insbesondere aus den Schwellenländern, so intensiv verbessert, dass diese sich marktbeherrschende Positionen erarbeiten. Durch ihre Importe verdrängen sie das Pionierunternehmen sogar aus dem eigenen Land.

Aufgabenstellung
Positionieren und prognostizieren Sie die Entwicklung der eigenen Branche bzw. der Produktgruppen Ihres Produktionsprogramms im Technologietransfer-Zyklus. Im Einzelnen lösen Sie damit folgende Teilaufgaben:

- Ermittlung von auf längere Frist relevanten Konkurrenzländern und Identifizierung relevanter Anbieter.
- Vorausschau der Bedrohung Ihrer Wettbewerbsposition in anderen Industrie- und Schwellenländern bzw. wann werden Sie bestimmte Exportmärkte verlieren? Wann werden Sie aus bestimmten Preisklassen verdrängt?
- Wann müssen Sie damit rechnen, auch den eigenen Markt an die Importkonkurrenz zu verlieren?
- Vorausschau der Entstehung von Substitutionskonkurrenz.

4.1.2 Abgrenzung der Phasen des Technologietransfer-Zyklus

Abbildung 4.1 verdeutlicht die oben beschriebenen Phasen des Technologietransfer-Zyklus (vgl. Wells 1968; siehe auch Keegan 1984, S. 310; Albaum et al. 1998; S. 36 ff. u. v. a.).

Zur Abgrenzung der einzelnen Phasen sind geeignete Indikatoren mit ihren Ausprägungsmerkmalen in den einzelnen Phasen zu erarbeiten. Einen entsprechenden Katalog solcher Größen bieten wir Ihnen als Service. Bitte rufen Sie diesen unter ibus@stahrkoeln.de kostenfrei ab!

4.1.3 Wie bedroht ist Ihre Position?

Das Analyse-Ergebnis erweist sich als vorauseilender Indikator bzw. als Instrument der Vorausschau potenzieller Bedrohungen der eigenen Markt- und Wettbewerbsposition:

▸ **These 1** Der Verlauf der Kurven gibt eindeutige Hinweise, zu welchen Zeitabschnitten bzw. -punkten eine Produkt- bzw. Verfahrenstechnologie für ein Unternehmen in einem technologisch fortgeschrittenen Land überholt bzw. obsolet sein wird.

Aus der Vorausschau der Position auf der genannten Kurve sind Bandbreitenziele für den Ausstieg aus dieser Technologie bzw. aus dem Produktionsstandort bzw. aus der Herstellung der Produktgruppen bzw. aus dem oder den Geschäftsfeld(ern) abzuleiten.

▸ **These 2** Aus der Vorausschau der genannten Position sind zeitliche Bandbreiten für den voraussichtlichen Markteintritt neuer Wettbewerber aus Schwellen- und Entwicklungsländern mit eindeutigen Kostenvorteilen für die Bedienung

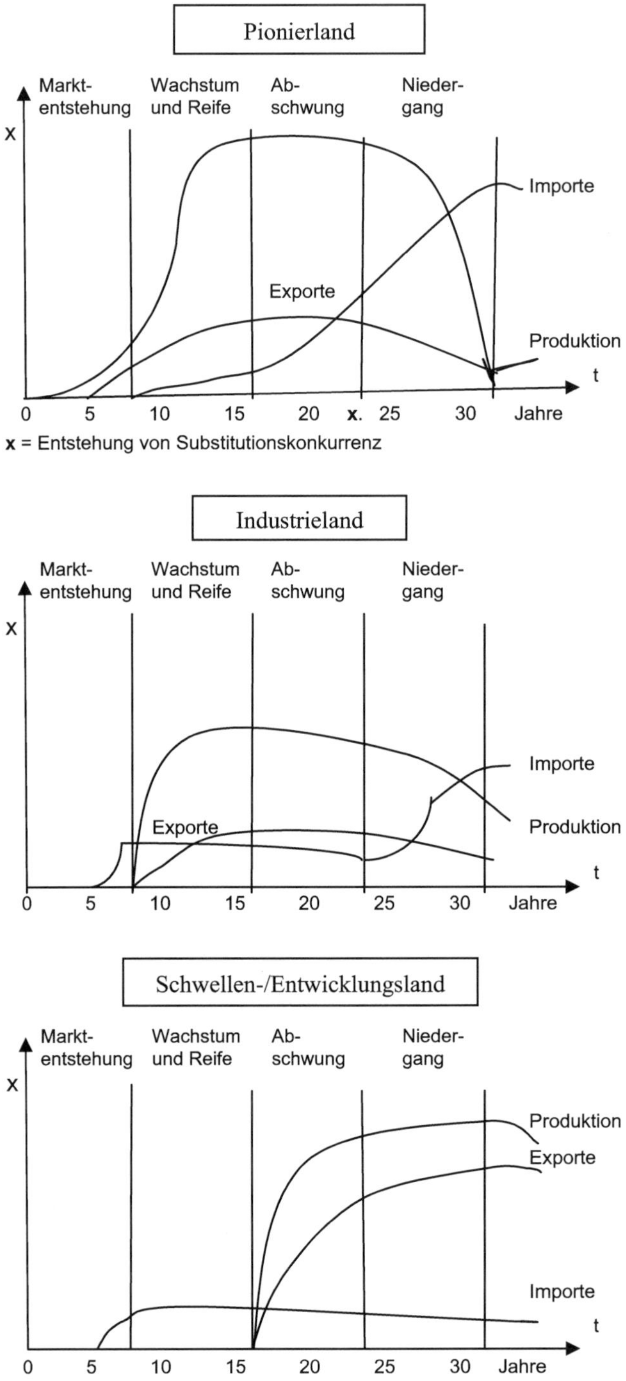

Abb. 4.1 Phasen des Technologietransfer-Zyklus

des Massenmarktes bzw. für die Verschlechterung der Wettbewerbssituation zu prognostizieren.

▸ **These 3** Ggf. sind Richtlinien für eine Neuausrichtung der mittelfristig-strategischen Marktbearbeitung ableitbar (siehe Abb. 5.3 ff. zur Interimsstrategie) wie:

- Verzicht auf die Abdeckung von Niedrigpreissegmenten
- Konzentration auf spezifische Hochpreissegmente mit technologisch hochwertigen Spezialitäten (Nischen-Markt-Konzepte) u. a.

▸ **These 4** Außerdem gibt die erwartete Position im Technologietransfer-Zyklus eindeutige Hinweise darauf, in welchem Zeitrahmen das Unternehmen über komplett neuartige Technologien bzw. Substitutionstechnologien verfügen sollte.

▸ **Hinweis** Das Modell des Technologietransfer-Zyklus erklärte in der Vergangenheit u. a. die Entwicklung von Handlungsmustern für eine Vielzahl von Produkten wie Textilien, Schuhe, Radiogeräte, Fernseher, Halbleiter, Automobile oder Industriekleber.

4.1.4 Ergänzende Analysen

Um das Ausmaß der angesprochenen Bedrohungstatbestände zu konkretisieren, eignen sich u. a. drei weitere Analysen:

Vorausschau der Preisklassenstruktur

In vielen Marktbereichen lassen sich auf den einzelnen Marktfeldern Produkte nach deren Preisklassen abgrenzen. Aus der Analyse der Preisklassenstruktur ist ersichtlich, welcher Anteil des Branchenumsatzes bzw. Umsatzes in welchen Preisklassen realisiert wurde. Die Analyse hat sich auf Zeitpunkte der Vergangenheit, der Gegenwart und weitere Zeitintervalle von z. B. 5, 10 und 15 Jahre bis zu einem gewählten Zeitpunkt in der Zukunft zu erstrecken. Die Informationsbasis liefern Ihnen entsprechende öffentliche Statistiken im In- und Ausland zu unterschiedlichen Zeitpunkten.

Im nächsten Schritt ist festzustellen, in welchen Preisklassen Ihr Unternehmen seine Produkte in der Vergangenheit und Gegenwart angeboten hatte. Gleichzeitig ist zu prognostizieren, ob Sie Ihre Angebote in den bisherigen Preisklassen beibehalten können oder ob Sie schrittweise in andere Preissegmente ausweichen müssen, weil die Importkonkurrenz niedrig- bis mittelpreisige Preisklassen besetzen wird.

Entwicklung der internationalen Wettbewerbsfähigkeit

Um diese Entwicklung analytisch zu erfassen, verwenden Sie als Indikatoren entsprechende Export- und Importgrößen mit den entsprechenden Mengen- und/oder Wertangaben und erstellen eine sogenannte weltweite Import-Export-Matrix (Stahr 2000). Die entsprechenden Zahlenangaben zeigen die zunehmende oder abnehmende Wettbewerbsfähigkeit der Anbieter einzelner Länder im Zeitablauf. Der Vergleich dieser Import- und Exportgrößen und der Vergleich dieser Entwicklung mit Ihren eigenen Exporten und Importen erlauben es Ihnen, die Veränderung Ihrer eigenen internationalen Wettbewerbsposition abzuschätzen.

Analyse der internationalen Expansion

Diese Analyse vollzieht die produktbezogene Reihenfolge der Erschließung von Ländermärkten durch Hauptkonkurrenten aus bestimmten Ländern wie Japan oder China nach.

▸ **Tipp** Verwenden Sie eine Weltkarte und zeichnen die Expansionswege der Wettbewerber aus einzelnen Ländern nach. Ggf. können Sie in die Abbildung die Hauptfunktion der einzelnen Ländermärkte mit aufnehmen wie Testmarkt, Schwerpunktmarkt oder „Schlachtfeld" für Auseinandersetzungen mit den Wettbewerbern aus den westlichen Industrieländern (Segler 1986, S. 98 ff.; Stahr 1989).

4.2 Identifikation gesättigter Märkte im Abstieg

▸ **Aufgabenstellung** Identifizieren Sie die Position Ihrer einzelnen Produktgruppen bzw. der ausgewählten Markt-Produkt-Kombinationen in deren Marktlebenszyklus. Untergliedern Sie die Analyse in Zeitabschnitte, beginnend mit der Vergangenheit und der Gegenwart. Sodann prognostizieren Sie deren Position in Zeitabschnitten bis zu einem festgelegten Zeitpunkt in der Zukunft.

Konzept und Analyse des Marktlebenszyklus

Der Marktlebenszyklus beschreibt die Entwicklung eines Marktes für Produkte (in Analogie zum Zyklus des menschlichen Lebens) nach gängigen Abgrenzungen in verschiedenen Phasen (Abb. 4.2).

▸ **Anmerkungen zu Abb. 4.2:**

1) Die Kurve beinhaltet Absatzmengen pro Jahr. Für diese Mengen gilt es, geeignete Bezugsgrößen festzulegen. Zur Auswahl stehen Größen (Winkelmann 2004, S. 190) wie Wirtschaftszweige bzw. Branchen (geeignet ist die Branchenaufgliederung der öffentlichen Statistik), Technologien wie Microchips usw. und Produktkategorien bzw. Produktgruppen.
2) Auch wenn die Kurve des Marktlebenszyklus nur Absatzmengen beinhaltet, so ist es von großer Bedeutung, die einzelnen Phasen durch Umsatz- und Gewinn- sowie ggf. Cashflow-Größen zu charakterisieren. Entwicklung der Gewinne: Phase der Entstehung: Der Erfolg bleibt über den längsten Zeitraum negativ. Wachstumsphase: Bei starkem Wachstum steigen die Gewinne

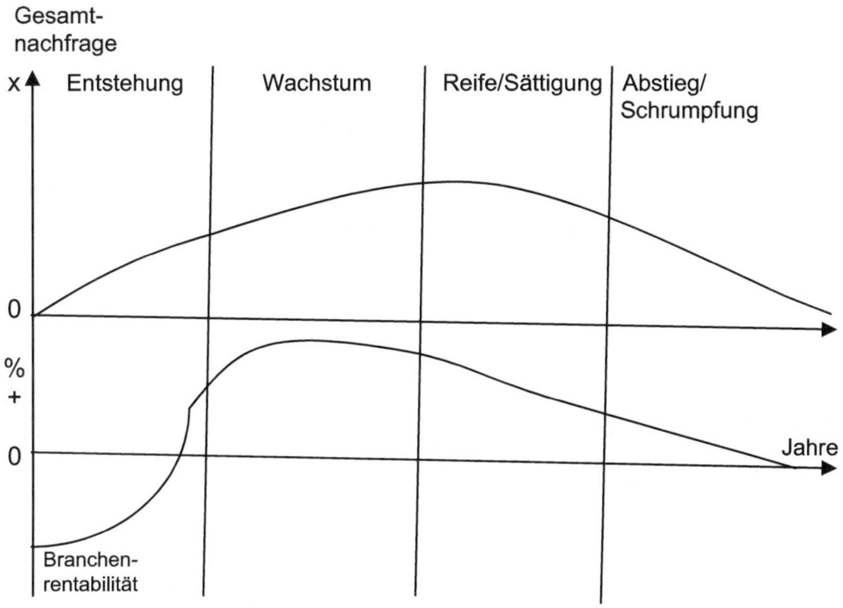

Abb. 4.2 Phasen des Marktlebenszyklus

überproportional, danach flacht diese Kurve ab. Reifephase: Gewinne sinken stetig wegen des Wettbewerbsdrucks. Abstiegsphase: An deren Ende wird der Erfolg negativ. Erfasst man auch die Entwicklung des Cashflows, so weisen die Entstehungsphase und der Beginn der Wachstumsphase hohe negative Größen auf. Diese Tatsache ist auf die hohen Investitionen in diesen Phasen zurückzuführen, die erst in den folgenden Perioden zurückfließen.

3) Der Verlauf der Marktlebenszyklus-Kurve unterstellt den Absatzverlauf als vom einzelnen Unternehmen nicht beeinflussbare Größe, also verursacht durch exogene Faktoren. Für den Verlauf der Produktlebenszyklus-Kurve (s. Abb. 5.6) hingegen gilt, dass der Absatz unternehmenseigener Produkte durch den Einsatz des eigenen Marketing-Instrumentariums entscheidend beeinflussbar ist.
4) Die Festlegung der Phasengrenzen des Marktlebenszyklus erfolgt nach formalen Kriterien: a) Entstehung: Weg von der Erfindung (Invention) über die Realisierung (Innovation) bis zur Markteinführung des komplett neuen Produkts einschl. der ersten Verkäufe bis zur Gewinnschwelle. b) Wachstum: von der Gewinnschwelle bis zur größten bzw. höchsten Wachstumsrate, c) Reife-/Sättigung: von sinkenden Mengenzuwachsraten über die höchste durchschnittliche Wachstumsrate bis zum Maximum von Absatzmengen, d) Abstieg/Schrumpfung: Abstieg vom Absatzmaximum über die Marktreife und Markteinführung von Substitutionstechnologien bzw. -produkten einschließlich des Marktausstiegs. Das bedeutet, dass die Verlustzone beginnt, Es folgt der Ausstieg der wichtigsten anbietenden Unternehmen.

Nach der Erfindung bzw. Entstehung eines komplett innovativen Produkts für ein Abnehmerbedürfnis erfolgt dessen Markteinführung. Der Verlauf der Marktgrößenentwicklung weist eine flache Einführungsphase auf. Dieser Verlauf spiegelt die Schwierigkeit wider, die Trägheit potenzieller Käufer zu überwinden und sie zu veranlassen, ein neues Produkt auszuprobieren.

Nach der Ausbreitung der neuen Problemlösung folgt das Marktwachstum in der Regel einem S-förmigen Verlauf. Ist das Käuferpotenzial ausgeschöpft, endet die Phase des schnellen Wachstums. In der folgenden Phase der Reife bzw. Sättigung flacht das Marktwachstum ab. In der nachfolgenden Phase des Abstiegs sinken die Absatz- und Erlösgrößen in dem Maße, in dem die Käufer in andere Märkte bzw. zu Substitutionsprodukten wechseln.

Zeithorizont des Marktlebenszyklus

Der zeitliche Verlauf jedes Marktlebenszyklus variiert von Branche zu Branche in starkem Maße. Die Gesamtdauer eines solchen Zyklus steigt umso stärker an, je weiter entfernt sich die Produktgruppe vom Konsumgüterbereich befindet (also Rohstoffe weisen einen langen, Konsumgüter einen kürzeren Zeithorizont auf).

Für die Vorausschau der Entwicklung eines Marktlebenszyklus ist die Abschätzung der zeitlichen Dauer jeder einzelnen Phase von besonderer Bedeutung: Allein die Kenntnis der Dauer des Prozessverlaufs ermöglicht eine Vorausschau der Zuordnung.

4.2.1 Verläufe des Marktzyklus

Märkte mit regulärem Verlauf

Die Kurve des Marktlebenszyklus weist, wie erwähnt, bei den meisten Produkten einen S-förmigen Verlauf auf. Für diese Märkte sind Prognosen relativ zuverlässig.

Märkte mit spezifischem Verlauf

Die Märkte für eine Reihe von Produkten weisen einen „irregulären“ Verlauf des Marktlebenszyklus auf (Lendrevie 1990). Beispiele dafür sind:

- Produkte ohne eigentlichen Marktzyklus bzw. mit sehr langen Phasen der Reife wie Salz und Zucker sowie Brot, und das Sparbuch als Beispiel aus dem Bereich der Finanzprodukte. Doch auch diese Märkte lassen sich erneuern wie der Markt für Brot als Folge des Wandels der Ernährungsgewohnheiten (z. B. Angebot von Substitutionsprodukten wie Toastbrot und diätischen Produkten).
- Produkte mit zeitlich äußerst langgestreckten Reife- und Niedergangsphasen, insbesondere Rohstoffe wie Eisen, Erdöl und Aluminium.
- Produkte mit sehr kurzem Markt- und Produkt-Lebenszyklus, also Produkte mit schnellem Wachstum und schnellem Niedergang wie Spielzeug, z. B. Flummibälle und Hula-Hoop.

- Produkte mit zeitlich zusammengeballten Lebenszyklen wie Modeprodukte, d. h. kompletter Lebenszyklus bei sehr kurzer Dauer jeder Phase.
- Märkte mit Wiederaufleben des Marktes wie Motor- und Fahrräder, in der Regel basierend auf einem neuen Verwendungszweck der bisherigen Produkte (z. B. Fährräder als Sport- und Wellness-Geräte).

4.2.2 Zuordnung zu Phasen des Marktlebenszyklus

Auf der Grundlage eines Katalogs von Indikatoren lassen sich die Produktkategorien, mit denen Ihr Unternehmen auf unterschiedlichen Märkten tätig ist, den jeweiligen Phasen im Marktlebenszyklus zuordnen.

> **Tipp** Identifizieren Sie die Phase, in der sich Ihre Produktkategorien, Produktgruppen bzw. Geschäftsfelder in deren Marktlebenszyklus befinden. Bitte rufen Sie als für Sie kostenlose Dienstleistung ein Muster eines solchen Katalogs unter der E-Mail-Anschrift ibus@stahrkoeln.de ab.

Die Zuordnung einer Produktgruppe zu einer Phase des Marktlebenszyklus erfolgt am einfachsten von der Angebotsseite her, indem man die Absatzmengen (ggf. die Wertentwicklung als Umsätze) im Zeitablauf erfasst. Als Informationsgrundlage für Entwicklungen der Vergangenheit und für die Prognose stehen sowohl amtliche Statistiken als auch Verbandsstatistiken zur Verfügung – jeweils bezogen auf einzelne Ländermärkte. Diese Vorgehensweise setzt eindeutig identifizierbare Trends voraus.

Eine komplexere Vorgehensweise basiert auf der Vorausschau der Absatzmenge aus Nachfragesicht. Zu diesem Zweck sind Größen wie die Entwicklung der Bedarfsintensität und die Anzahl der Abnehmer zu ermitteln und zu prognostizieren.

> **Praktikerhinweis** Um Ihnen die Zuordnung der einzelnen Produktgruppen Ihres Produktionsprogramms zu erleichtern, enthält die Liste in Abb. 4.3 eine Reihe von Beispielen für die Zuordnung unterschiedlicher Produktkategorien zu unterschiedlichen Phasen des Marktlebenszyklus.

4.2.3 Einordnung des Produktlebenszyklus

Ebenso wie Märkte durchlaufen Produkte einzelne Phasen ihres Lebenszyklus: Einführung, Wachstum, Reife, Sättigung, Degeneration und Ausstieg (vgl. z. B. Meffert 2000, S. 344 f.; Winkelmann 2004, S. 190). Solche Produkte können aus unterschiedlichen Gründen, insbesondere wegen ihres Misserfolgs, aus dem Markt verschwinden. Deren Lebenszyklus endet; der Marktlebenszyklus läuft weiter. Bei der Analyse des Marktlebenszyklus wird sich ergeben, dass in jeder seiner Phasen Produkte angeboten werden, die sich jeweils in unterschiedlichen Phasen ihres produktindividuellen Lebenszyklus befinden.

Beispiele für Zuordnung von Branchen bzw. Produktkategorien zu Phasen des Marktlebenszyklus: zum Vergleich für eigene Analysen Einschätzungen aus Vergangenheit				
Phasen / **Autoren**	**Entstehung**	**Wachstum**	**Reife/ Sättigung**	**Abstieg/ Schrumpfung**
Aurich, Schroeder 1972	Atomindustrie Elektronik Lasertechnik Daten-verarbeitung Weltraum-technik Fernseh-telefon	Fernsehen Kunststoffe Erdölchemie Luftfahrt Geschirrspül-automaten	Landmaschinen Maschinenbau Stahl Aluminium Papier Mähdrescher Traktoren Automobile Kühlschränke	Kunstseide Baumwolle Düngemittel Kohle Holz Glas Kleinwagen
A. D. Little 1980	Sonnen-energie Personal-computer	Video-kassetten Kohleberg-bau (US/D) Armband-uhren	Stahl Fahrräder	Schiffbau (Europa)
Lendrevie, Lindon 1980	Kompakt-Video-Diskette	Videokamera kalorien-reduzierte Nahrungs-mittel Musik-Diskette	Automobile *) Fernsehen Telefon Feuer-, Unfallver-sicherung u. a.	Zigaretten Nähmaschine Kino (in Indu-strieländern)
Meffert 2000	Biotechnologie Online-Dienste Inline-Skates	Microchips Mobiltelefone Energy-Drinks Herren-Kosmetik	Personal-Computer Pauschalreisen Verkehrs-flugzeuge	Automobile *) Fernsehgeräte Bier Lastkraft-wagen Uhren Schiffe Zigaretten

Abb. 4.3 Zuordnung von Produktkategorien zu deren Marktlebenszyklus. Quellen: Little (1980), Hax u. a., S. 212; Aurich und Schroeder (1972, S. 130), Lendrevie und Lindon (1990, S. 167); Meffert (2000, S. 342).
* Ergänzung durch den Autor: (mit Benzin-/Dieselmotoren als Antrieb)

Eine bestimmte Branche oder Produktkategorie kann sich in ihrem Marktlebenszyklus im Abstieg bzw. Niedergang befinden. Auch in dieser Phase lassen sich neue Produkte (bzw. bessere Produktvarianten) erfolgreich in den Markt einführen (siehe Abb. 5.6).

4.2.4 Folgerungen

Markt- und Produktlebenszyklus und Produktionsprogramm

Das Konzept des Marktlebenszyklus beinhaltet die Aussage, dass praktisch alle Produkte über eine begrenzte Lebensdauer verfügen. Daraus leitet sich der Zwang ab, sowohl kurz- und mittelfristige als auch langfristige Analysen der Altersstruktur des Produktionsprogramms bzw. Sortiments durchzuführen.

▸ **Tipp** Das Sortiment hat aus einer Palette von Produktgruppen zu bestehen, die eine ausgewogene Altersstruktur aufweisen, das heißt. von Produkten, die sich in unterschiedlichen Phasen des **Marktlebenszyklus** befinden.

▸ **Praktikerhinweis** Davon abzugrenzen sind Analysen der Altersstruktur des Sortiments nach der Phase einzelner Produkte bzw. Produktgruppen in deren **Produktlebenszyklus.**

Marktlebenszyklus und Ertragsentwicklung

Der Entwicklungsstand des Marktes beeinflusst die erwartete Ertragsentwicklung einer Produktgruppe. Produkte in reifen Märkten generieren z. B. normalerweise einen höheren Cashflow als solche in der Entstehungs- oder Wachstumsphase.

Die Wettbewerbsbedingungen unterscheiden sich von Phase zu Phase des Marktlebenszyklus. So zieht der Markt in der Entstehungsphase, in der der Markt wächst, weitere Wettbewerber an. In der Reife- und Abstiegsphase kommt es zu verstärktem Verdrängungswettbewerb. Der Markt wechselt in die oligopolistische Struktur, damit steigen die Erträge an.

Marktzyklus und Ertrag aus Auslandsmärkten

Der Marktlebenszyklus für bestimmte Produktkategorien wird sich, weltweit betrachtet, verlängern. Neue Auslandsmärkte überschreiten die Bedarfsschwelle für diese Produkte in einer zeitlich zu prognostizierenden Reihenfolge. Doch diese Erschließung von Ländermärkten nach der zeitlichen Reihenfolge der Entwicklung von Marktlebenszyklen birgt erhebliche Gefahren.

Absatzerfolge für dasselbe Produkt bzw. Geschäftsmodell weltweit führen zu Kompensationseffekten. Das Unternehmen baut das Geschäft in ggf. vermeintlich attraktiven Ländern aus. Es finanziert die Expansion aus den Gewinnen der Reife- und der beginnenden Abstiegsphase insbesondere in den Industrieländern. Diese Vorgehensweise vernachlässigt die Tatsache, dass die entwickelten Ländermärkte nach komplett neuartigen Produkten verlangen. Möglicherweise reichen die Finanzmittel bei einer solchen Vorgehensweise nicht für die Existenzsicherung durch die Erfindung echter Innovationen aus.

- **These** Das Unternehmen schwächt seine Position in den Stammländern, um Marktpositionen in Märkten mit zwar hohem Marktwachstum, jedoch mit hohen Länderrisiken und mit hohen Marktinvestitionen aufzubauen. Verkehrte Welt: Hohe Gewinnpotenziale in komplett innovativen Marktbereichen auf dem Heimatmarkt bleiben unerschlossen und werden gegen langfristig vage Gewinnchancen, insbesondere in Schwellenländern, getauscht.

Marktausstiegs- und Markteintrittszeitpunkte

- **These 1** Der prognostizierte Verlauf der Marktlebenszyklus-Kurve gibt Ihnen eindeutige Hinweise auf eine Zeitspanne für Zeitpunkte eines erforderlichen Marktausstiegs für ausgewählte Produktgruppen.

- **These 2** Die erwarteten Positionen für die unternehmenseigenen Produkt-/Marktkombinationen ergeben ebenso Hinweise auf erforderliche Zeitpunkte für die erfolgreiche Markteinführung komplett neuartiger Produkte in Form von Bandbreiten. Sie dienen zur Abdeckung der identifizierten langfristigen Umsatz- und Gewinnlücken und zur stetigen Erneuerung des Produktionsprogramms.

Kritik am Konzept des Marktlebenszyklus

Die wesentliche Kritik am Konzept des Marktlebenszyklus lässt sich in den folgenden Punkten zusammenfassen:

1. Die Vorausschau des Verlaufs der Marktlebenszyklus-Kurve und die Prognose der Zeitdauer der einzelnen Phasen sind mit einem hohen Grad an Unsicherheit behaftet. Diese Unsicherheit lässt sich reduzieren, indem Sie diese Analysen in bestimmten Zeitintervallen wiederholen und stetig konkretisieren.
2. Die Zeitdauer der Phasen des Marktlebenszyklus differiert von Markt zu Markt. Diese Tatsache erschwert die Zuordnung der Entwicklung im jeweiligen Markt zu einer Phase des Gesamtprozesses. Diese Tatbestände vermindern auch den Wert des Konzepts als Grundlage für die langfristig-strategische Planung.
3. Der s-förmige Verlauf der Marktentwicklung entspricht keiner Zwangsläufigkeit (s. o.).

Die aufgeführten Kritikpunkte am wahrscheinlichen S-förmigen Verlauf des Marktlebenszyklus stellen zwar Ausnahmen dar. Sie vermindern die Allgemeingültigkeit des Konzepts damit nur begrenzt.

4.3 Risiken aus Wandel der Abnehmerschichtung

Die Zuordnung von Branchen mit bisherigen Produkten auf bisherigen Märkten zu einer Phase des Technologietransfer-Zyklus und des Marktlebenszyklus geben Ihnen eindeutige Hinweise auf die Existenz von Erneuerungslücken auf längere Fristen.

Aber auch Veränderungen der Abnehmerschichtungen und damit sich ggf. verändernde Anforderungen an Produkte können Ihre Wettbewerbsposition in Zeitintervallen von 5, 10 und 15 Jahren ab der Gegenwart in der Zukunft gefährden.

4.3.1 Auswahl der Abnehmergruppen

Was vermögen die Analyse und Prognose (Vorausschau) im Bereich der Abschätzung der Anzahl und Charakterisierung von potenziellen Abnehmern zu leisten? Abbildung 4.4 zeigt die Vorgehensweise bei der Auswahl und Quantifizierung langfristig relevanter Abnehmergruppen bei Einsatz entsprechender Indikatoren für Konsum- und Investitionsgüter.

▸ **Anmerkungen zu Abb. 4.4:**

1) Methodisch angelehnt an Verfahren der Marktsegmentierung (u. a. Homburg und Krohmer 2003, S. 314 ff.).
2) Geeignet für Prognosen des Kaufs bestimmter Produktkategorien wie Kühlschränke, Spielzeug u. a. nach Altersgruppen.
3) Prognosen nach Geschlecht = Unterscheidung nach Käufern und Nicht-Käufern für eine Reihe von Produktgruppen.
4) Familienstand u. a. geeignet für Prognosen für den Kauf bestimmter Produktkategorien wie Kühlschränke, Waschmaschinen oder die Art der Wohnungseinrichtung.
5) Prognosen der Einkommensrelationen: Als Indikatoren für Marktchancen fast aller Konsumgüter direkt oder indirekt einsetzbar.
6) Prognose der „Sozialen Schicht": U. a. bedeutungsvoll für den Besitz einer Vielzahl hochwertiger Produkte. Auf mittlere bis langfristige Zukunft ist eine stärkere Polarisierung zwischen Ober-, Mittel- und Unterschicht zu erwarten. Die stetig voranschreitende Nivellierung der Einkommen im Bereich der zuletzt genannten Gruppen entwertet ggf. den Indikator des Einkommens.
7) Zur Prognose der Wertvorstellungen gehören auch die religiösen Wertvorstellungen; folglich ist die Religionszugehörigkeit zu erfassen. Auch die sich anbahnende Bereitschaft, auf neue bzw. Substitutions-Lösungen für ein „altes Bedürfnis" überzuwechseln, basiert auf dem sich langsam entwickelnden Wandel von Einstellungen und Wertvorstellungen und führt ggf. „plötzlich" zu deutlichen Absatzverlusten. Die Vorausschau bzw. Prognose dient dazu, Zeit zu gewinnen, um sich auf derartige „Überraschungen" vorzubereiten.
8) Prognosen zu Abnehmergruppen für Investitionsgüter: Abnehmerbranchen und die Entwicklung der Anzahl und Art der Abnehmerunternehmen sind nach Ländern bzw. Ländergruppen zu untergliedern. Eine Vielzahl von Branchen mit ihren Unternehmen verliert in Europa an Bedeutung, während ihre Anzahl in asiatischen Ländern nach oben weist.

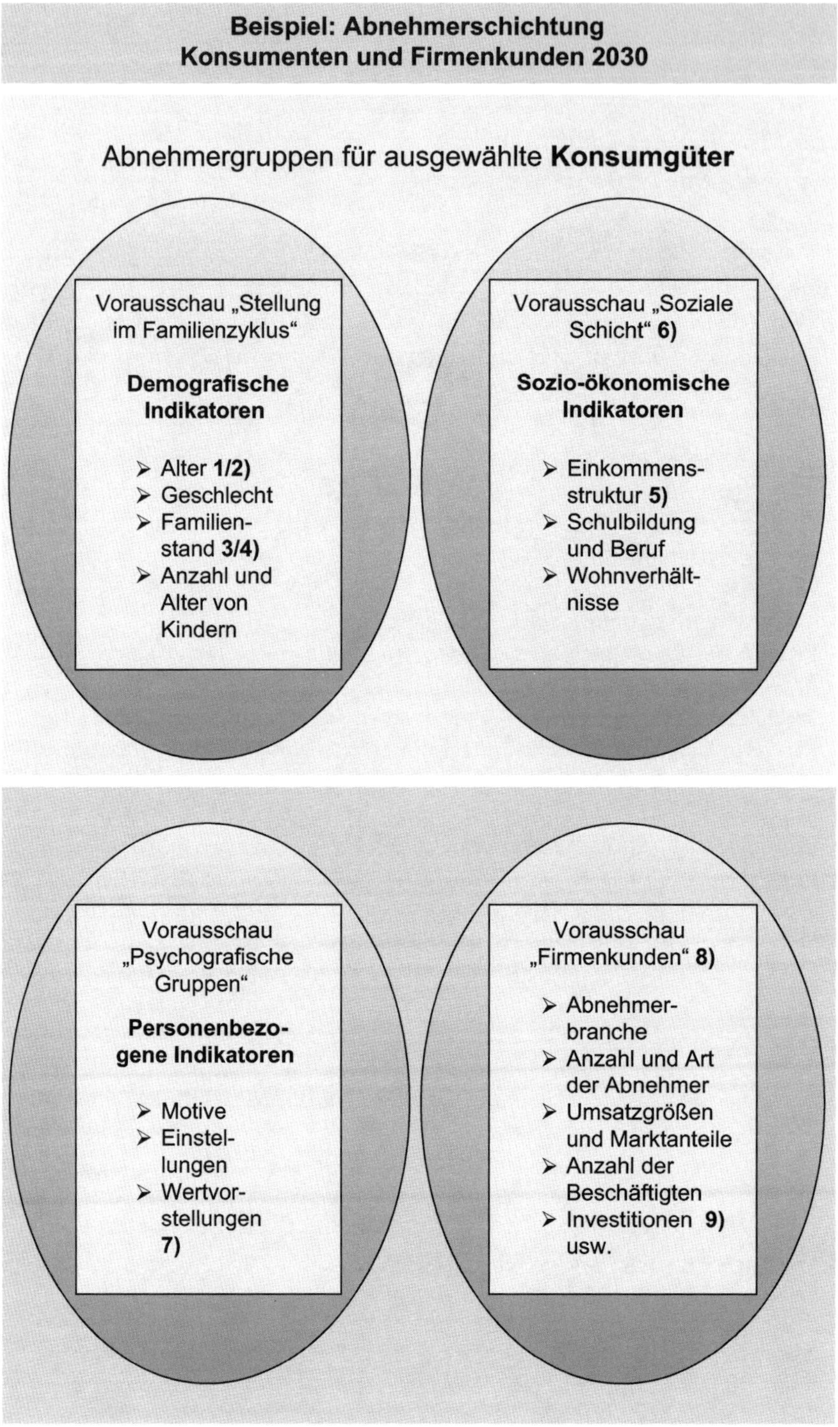

Abb. 4.4 Indikatoren zur Vorausschau des Wandels

9) Investitionen sind u. a. in Ersatz- und Neuinvestitionen zu untergliedern. Die Indikatoren sind so zu wählen, dass sie sich als Grundlage für die Abschätzung der langfristigen Absatzmengen bei derartigen Abnehmergruppen eignen.

4.3.2 Änderungen in der Struktur der Schichtung der Abnehmer

In einem weiteren Schritt prognostizieren Sie die Anzahl der auf mittel- bis langfristig erwarteten Abnehmer, untergliedert auf der Basis geeigneter Kriterien nach Gruppen. Die **Veränderungen der Struktur der Abnehmergruppen in der Zukunft** können zu einer Vergrößerung oder Verringerung einzelner Gruppen führen. So kann eine Verminderung aus der Verringerung der Anzahl potenzieller Abnehmer innerhalb einer Abnehmergruppe (z. B. innerhalb einer sozialen Schicht durch neuartigen Mangel an Kaufkraft oder wegen fehlender Kauffähigkeit) und/oder der Veränderung der Bedarfsintensität resultieren. Diese Entwicklungen lassen sich in Form entsprechender Abbildungen für die Vergangenheit und Gegenwart analysieren und für die Zukunft prognostizieren. Abbildung 4.5 enthält eine Darstellung von Wandlungen im Bereich der Abnehmerschichtungen im Zeitablauf zum einen für die westlichen Industrieländer und zum anderen für die stark wachsenden Märkte von Schwellenländern.

Frühzeitig Umsatz- und Gewinnlücken signalisieren

Die Vorausschau des Wandels der Abnehmerschichtung soll Ihnen frühzeitig Umsatz- und Gewinnlücken signalisieren. In die entsprechenden Berechnungen über längere Zeiträume ist eine Aufspaltung in Marktsegmente ausdrücklich einzubeziehen. Als Folge der Veränderung der Größe und des Bedarfs einzelner Marktsegmente verfügt Ihr Unternehmen ggf. ab einem zu erwartenden Zeitpunkt in der Zukunft über keine komplett adäquaten Produkte mehr zu deren Marktabdeckung. Gleichzeitig bieten sich ggf. neue Chancen bei der Festlegung der sogenannten Marktstimulierungsstrategie (siehe Abb. 5.5).

4.4 Verknappung benötigter Rohstoffe in Zukunft

Aufgabenstellungen

Die Analyse der Verknappung bezieht sich an dieser Stelle allein auf Rohstoffe, die das Unternehmen für die Herstellung der Produkte seines Sortiments benötigt. Den Begriff der Rohstoffe definiert man üblicherweise in einem weiteren und einem engeren Sinne. Als Rohstoffe im weiteren Sinne bezeichnet man alle Stoffe, Materialien und Halbfabrikate, die bei der Erzeugung der betrachteten Endprodukte in diese eingehen. Als Rohstoffe im engeren Sinne gelten ausschließlich mineralische und nichtmineralische Grundstoffe, die aus natürlichen Quellen bzw. Bergbauaktivitäten stammen (Aurich und Schröder 1972). Die folgenden Ausführungen beziehen sich ausschließlich auf Rohstoffe im engeren Sinne.

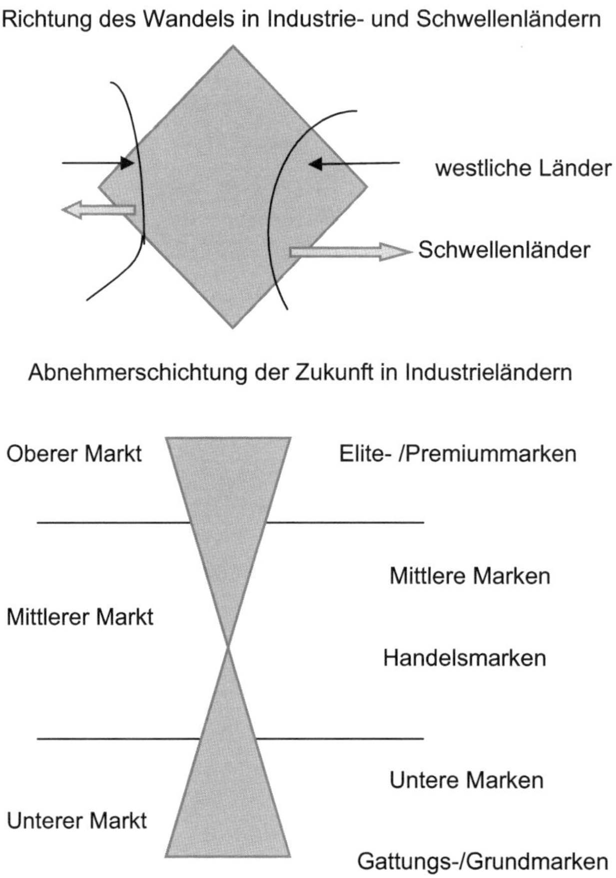

Abb. 4.5 Abnehmerschichtung nach Richtung des Wandels (Becker 1990, S. 188 f., S. 296 f.)

Es empfiehlt sich wiederum eine schrittweise Vorgehensweise:

1. Auswahl von Rohstoffen mit einem hohen Knappheitsgrad und einem hohen Grad an Wichtigkeit für die Herstellung der eigenen Produkte
2. Ermittlung des Grades der Verknappung des (der) ausgewählten Rohstoffes(e)
3. Erfassung des Grades des Versorgungsrisikos bei ausgewählten Rohstoffen

4.4.1 Rohstoffe mit hohem Verknappungsgrad

Auflistung relevanter Rohstoffe

Um die in die Analyse und Vorausschau einzubeziehenden Rohstoffe auszuwählen, listen Sie diejenigen Rohstoffe auf, die in den Herstellungsprozess der Erzeugnisse Ihres Produktionsprogramms eingehen.

Identifizierung sogenannter K-Güter

Sodann identifizieren Sie die sogenannten K-Güter, also diejenigen Rohstoffe bzw. Beschaffungsgüter mit einem hohen Knappheitsgrad. Für die Auswahl verwenden Sie einen Katalog von Kriterien wie die folgenden:

1. Wichtigkeit des jeweiligen Rohstoffs für das Endprodukt, d. h. sehr hohe über hohe bis sehr niedrige Wichtigkeit
2. Erwarteter Grad der Knappheit oder Seltenheit des Rohstoffs von sehr hoch, über hoch bis sehr niedrig
3. Erwarteter Grad der Substituierbarkeit der jeweiligen Rohstoffe von sehr hoch über hoch bis sehr niedrig
4. Erwartetes Ausmaß von Preissteigerungen (= Preissteigerungspotenzial) z. B. wegen der stetigen Verknappung und/oder der sich verändernden Marktform vom Oligopol in Richtung auf ein Monopol und/oder der sich verändernden eigenen Bedeutung als Kunde bei den Rohstofflieferanten, jeweils zu bewerten mit sehr hoch über hoch bis sehr niedrig
5. Bitte ergänzen Sie eigene Kriterien!

Unter Einsatz des Punktebewertungsverfahrens bestimmen Sie die wichtigsten und seltensten sowie unabdingbar notwendigen Rohstoffe. Rohstoffe mit geringer Bedeutung für die Herstellung des Produktes und hinreichender Verfügbarkeit sondern Sie aus der Analyse und Vorausschau aus. Der Wertanteil von Rohstoffen am Beschaffungsvolumen, der bei der üblichen ABC-Analyse von Bedeutung ist, spielt bei der Auswahl von K-Gütern eine untergeordnete Rolle.

4.4.2 Analyse und Vorausschau der Rohstoffverknappung

Der erwartete Grad der Verknappung der ausgewählten K-Güter lässt sich mit Hilfe eines Katalogs geeigneter Indikatoren analysieren und prognostizieren:

1. Weltweite Nachfrage-, Angebots- und Länderherkunftsbilanzen auf 20 bis 30 Jahre zurück und 20 bis 30 Jahren im Voraus
2. Bekannte Rohstoffvorkommen (nach Ländern und Mengen)
3. Reichweite der identifizierten Rohstoffvorkommen

4. Erwartete Entwicklung der Gestehungskosten
5. Erwartete Entwicklungen in der Transporttechnologie und deren Folgen für die Entwicklung der Transportkosten u. a.

▶ **Tipp** Listen Sie in einer Tabelle die weltweite Nachfrage und das weltweite Angebot über mehrere Jahre auf. Erfassen Sie das bekannte Vorkommen dieses Rohstoffes und berechnen Sie die erwartete Reichweite. Bringen Sie dann die Anbieter- und Nachfrageländer in eine Reihenfolge nach Mengen. Ggf. heben Sie die entsprechende Position Ihres Heimatmarktes bzw. Deutschlands heraus!

4.4.3 Attraktivität und Versorgungsrisiko der Lieferländer

Die langfristige Auswahl (Brink, Rohstoffbezugspolitik, S. 209 ff., in: Lück und Trommsdorff 1982) der bestgeeigneten Rohstoff-Beschaffungsländer lässt sich auf der Basis der beiden Hauptkriterien „Liefermarkt-Attraktivität" und „Beschaffungsländer-Risiko" mit jeweils einer Reihe von Einzelindikatoren vornehmen (Abb. 4.6).

Ein besonderes Augenmerk gilt der Vorausschau der Gefahr des plötzlichen Ausfalls der Lieferungen wegen innenpolitischer Krisen wie politischen Unruhen, Volksaufständen und Bürgerkriegen in den Lieferländern.

▶ **These 1** Die zunehmende Verknappung wichtiger Rohstoffe und die politische Instabilität in einer Reihe wichtiger Lieferländer sind zentrale Ursachen für den Trend zu langfristigen Preissteigerungen erheblichen Ausmaßes.

▶ **These 2** Bereits der Ausfall der Lieferungen aus einem relativ unbedeutenden Lieferland wegen dessen politischer Instabilität mit z. B. einem Lieferanteil von nur 2 % kann zu Preissteigerungen von 10 % und mehr führen.

▶ **Hinweis** Beobachten Sie besonders die Veränderungen der Marktform z. B. von einer oligopolistischen zu einer quasi-monopolistischen Marktform (ggf. verbunden mit einer staatlich gestützten Veränderung). In einem solchen Fall besteht das Risiko einer Preis-Explosion. Das Risiko erscheint besonders hoch bei einer Single-Country-Sourcing-Strategie.

Weitere erhebliche Risiken bestehen, gerade bei größeren geografischen Entfernungen, aus den Risiken im Transportbereich. Denken Sie an die zunehmende Piraterie, Anschläge des weltweiten Terrorismus u. a.!

Beschaffungs-Portfolio-Vorausschau

Zur Visualisierung der Ergebnisse der Vorausschau des attraktivitäts- und risikoorientierten Auswahlverfahrens für Beschaffungsländer lässt sich das Vorausschau-Portfolio

Liefermarkt-Attraktivität	Beschaffungsländer-Risiko
1. Vorkommensmenge 2. Qualität 3. Entwicklung der Gestehungskosten 4. Verfügbarkeit und Lieferanten 5. Anbieter-Marktformen 6. Transportbedingungen u. a.	1. Mengenrisiko 2. Politisches Risiko 3. Spezifische Risiken aus Veränderung der Marktform z. B. vom Oligopol zum Dyopol oder Quasi-Monopol bei Single-Country-Origin 4. Preisrisiko (z. B. wegen unerwartet steigender Gestehungskosten oder Knappheitssituationen) 5. Währungsrisiken z. B. bei Vertragswährungen 6. Transportrisiko wie Terminirisiken usw.

Abb. 4.6 Indikatoren der Liefermarkt-Attraktivität und des Beschaffungsländer-Risikos

verwenden. Die Positionierung der Lieferländer erfolgt beispielsweise mit deren Vorkommensmengen und deren Anteil an der weltweiten Förderung pro Jahr (Beschaffungsmarkt-Attraktivitäts-Versorgungsrisiko-Portfolio).

Das Portfolio-Konzept ist ein Verfahren zur Problemidentifikation auf der langfristig-strategischen Planungsebene. Es ist kritisch anzumerken, dass die messtheoretischen Probleme bisher unvollständig gelöst sind. Die Positionierung der Länder beruht auf subjektiven Einschätzungen von Experten.

▸ **These 1** Die langfristig zu erwartenden politischen Risiken in wesentlichen Lieferländern, steigende Transportkosten und Transportrisiken sowie Wechselkursschwankungen lassen bei vielen Rohstoffen einen Wechsel bei der Auswahl der Lieferländer als empfehlenswert erscheinen.

▸ **These 2** Die Nachfrage nach Rohstoffen wird sich aus einer Reihe von Schwellenländern wie China, Indien und Brasilien noch einmal deutlich steigern. Diese Zusatznachfrage wird den Trend zu stark steigenden Rohstoffpreisen erhöhen. Kurzfristig sind „spontane und unerwartete Exportverbote zentraler Lieferländer wie Russland und China", krisenhafte Preissprünge und Mengenverknappungen vorhersehbar.

▸ **Hinweis** Es ist insbesondere abzuschätzen, ob und zu welchen Zeitpunkten in der Zukunft Ersatzstoffe für die wichtigsten knappen Rohstoffe für Ihre Fertigung verfügbar sein sollten. (Vorausschau: Erfindung von Rohstoff-Ersatzstoffen durch technischen Fortschritt – siehe Teil II, Abschn. 6.7.1).

4.5 Neue, starke Wettbewerber aus China (der China-Code)

China „setzt Weltstandards, denen sich Deutschland … (und andere westliche Industrieländer) nicht entziehen kann (können)". „China gibt bei Lohnniveau, Arbeitszeiten und Produktionskosten die Marschrichtung vor." (Sieren 2005; Shenkar 2007).

Die Analyse der Entstehung und Entwicklung neuer Wettbewerber wird sich insbesondere auf die folgenden Themen erstrecken:

4.5.1 Analyse der Wettbewerbsbedingungen

Unter Wettbewerbsbedingungen lassen sich sämtliche staatlich-gesellschaftlichen Bereiche definieren, die einen wesentlichen Einfluss auf die Wettbewerbsfähigkeit von Unternehmen haben, die in einem bestimmten Staat ihren Standort wählen.

China und andere Schwellenländer mit ihrem staatlich-gesellschaftlichen Rahmen sind die Plattform für Wettbewerbsvorteile von Unternehmen, die das jeweilige Land als Standort für ihre Aktivitäten gewählt haben.

Die Analyse und Vorausschau **von Wettbewerbsvorteilen im Rahmen der weltweiten Arbeitsteilung** greifen auf eine Reihe ausgewählter Hauptkriterien mit ihren Indikatoren zurück (Porter 1992, S. 71 ff.):

(1) **Vorteile im Bereich der Produktionsfaktoren**, die für die Herstellung wettbewerbsfähiger Erzeugnisse erforderlich sind
(2) **Vorteile aus sogenannten Marktfaktoren**, z. B. die Größe des Binnenmarktes und die Art der Abnehmer wie etwa besonders preissensible Käufer oder besonders anspruchsvolle Abnehmer
(3) Vorteile aus der **Rolle**, die die **chinesische Regierung** durch eine Beeinflussung der aufgeführten Bereiche spielt

4.5.2 Stoßrichtungen der Entwicklung chinesischer Unternehmen

Die Analyse und Vorausschau der **Stoßrichtungen der Entwicklung chinesischer Unternehmen** leiten sich aus deren Fähigkeiten bzw. Kompetenzen in den unterschiedlichen Funktionsbereichen des Unternehmens ab.

Die **Analyse und Vorausschau betroffener Branchen** zielen darauf ab, möglichst frühzeitig die Betroffenheit der eigenen Branche in Industrieländern zu identifizieren und zu prognostizieren. Als Indikatoren eignen sich ggf. steigende Exportvolumina in die westlichen Länder und das Ausmaß des Transfers von technischem Wissen bzw. technologischen Fähigkeiten von Unternehmen aus Industrie- auf Unternehmen aus Schwellen- und Entwicklungsländern.

Die **Analyse möglicher Reaktionsstrategien** auf die Herausforderungen des Aufstiegs chinesischer Wettbewerber knüpft an die Ergebnisse der Prüfung der Zukunftsfähigkeit Ihres Produktionsprogramms an. Diese Thematik finden Sie weiter unten.

Zum Einstieg in die Systematik des Arbeitens empfiehlt sich zunächst ein Rückblick, sodann ein Blick auf die Gegenwart und schließlich die Vorausschau von in der Zukunft zu erwartenden Entwicklungen. Zur Beschreibung der Entwicklungen sind geeignete Indikatoren zu identifizieren und ihr Wandel ist zu prognostizieren. Abbildung 4.7 zeigt ein entsprechendes morphologisches Strukturierungsraster.

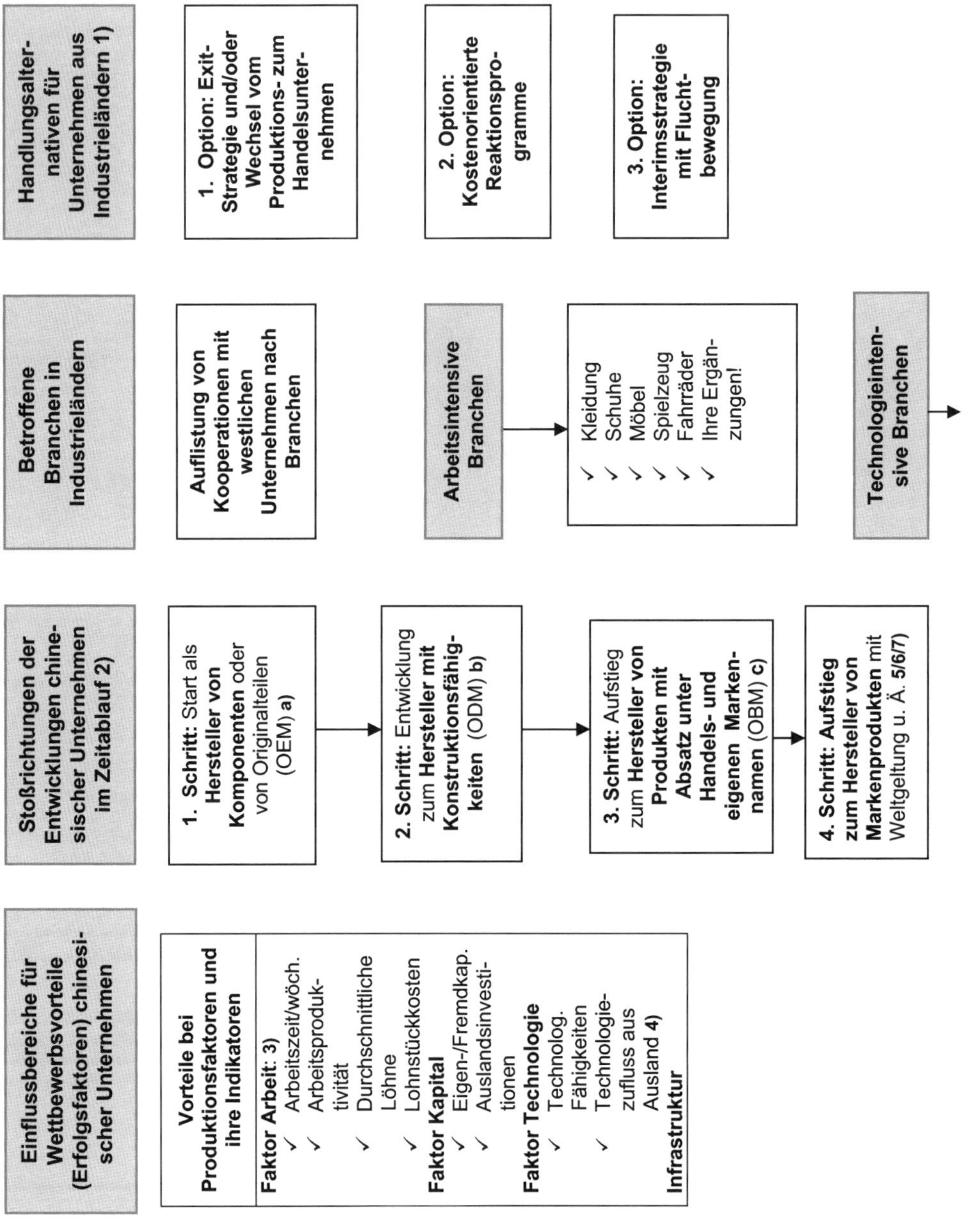

Einflussbereiche für Wettbewerbsvorteile (Erfolgsfaktoren) chinesischer Unternehmen
Vorteile bei Produktionsfaktoren und ihre Indikatoren
Faktor Arbeit: 3)
✓ Arbeitszeit/wöch.
✓ Arbeitsproduktivität
✓ Durchschnittliche Löhne
✓ Lohnstückkosten
Faktor Kapital
✓ Eigen-/Fremdkap.
✓ Auslandsinvestitionen
Faktor Technologie
✓ Technolog. Fähigkeiten
✓ Technologiezufluss aus Ausland 4)
Infrastruktur
Stoßrichtungen der Entwicklungen chinesischer Unternehmen im Zeitablauf 2)
1. Schritt: Start als Hersteller von Komponenten oder von Originalteilen (OEM) a)
2. Schritt: Entwicklung zum Hersteller mit Konstruktionsfähigkeiten (ODM) b)
3. Schritt: Aufstieg zum Hersteller von Produkten mit Absatz unter Handels- und eigenen Markennamen (OBM) c)
4. Schritt: Aufstieg zum Hersteller von Markenprodukten mit Weltgeltung u. Ä. 5/6/7)
Betroffene Branchen in Industrieländern
Auflistung von Kooperationen mit westlichen Unternehmen nach Branchen
Arbeitsintensive Branchen
✓ Kleidung
✓ Schuhe
✓ Möbel
✓ Spielzeug
✓ Fahrräder
✓ Ihre Ergänzungen!
Technologieintensive Branchen
Handlungsalternativen für Unternehmen aus Industrieländern 1)
1. Option: Exit-Strategie und/oder Wechsel vom Produktions- zum Handelsunternehmen
2. Option: Kostenorientierte Reaktionsprogramme
3. Option: Interimsstrategie mit Fluchtbewegung

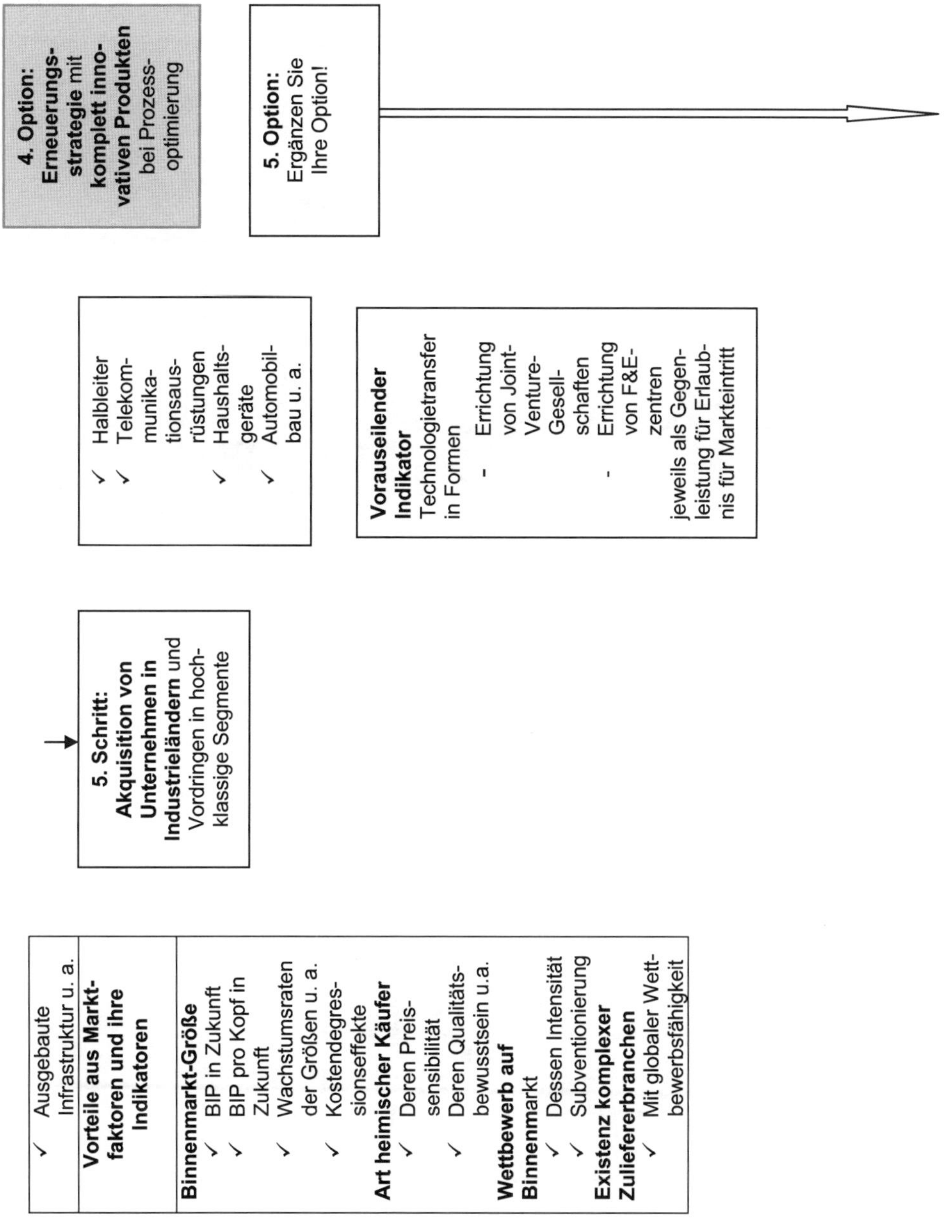
✓ Ausgebaute Infrastruktur u. a.
Vorteile aus Marktfaktoren und ihre Indikatoren
Binnenmarkt-Größe
✓ BIP in Zukunft
✓ BIP pro Kopf in Zukunft
✓ Wachstumsraten der Größen u. a.
✓ Kostendegressionseffekte
Art heimischer Käufer
✓ Deren Preissensibilität
✓ Deren Qualitätsbewusstsein u.a.
Wettbewerb auf Binnenmarkt
✓ Dessen Intensität
✓ Subventionierung
Existenz komplexer Zuliefererbranchen
✓ Mit globaler Wettbewerbsfähigkeit
5. Schritt: Akquisition von Unternehmen in Industrieländern und Vordringen in hochklassige Segmente
✓ Halbleiter
✓ Telekommunikationsausrüstungen
✓ Haushaltsgeräte
✓ Automobilbau u. a.
Vorauseilender Indikator
Technologietransfer in Formen
- Errichtung von Joint-Venture-Gesellschaften
- Errichtung von F&E-zentren
jeweils als Gegenleistung für Erlaubnis für Markteintritt
4. Option: Erneuerungsstrategie mit komplett innovativen Produkten bei Prozessoptimierung
5. Option: Ergänzen Sie Ihre Option!

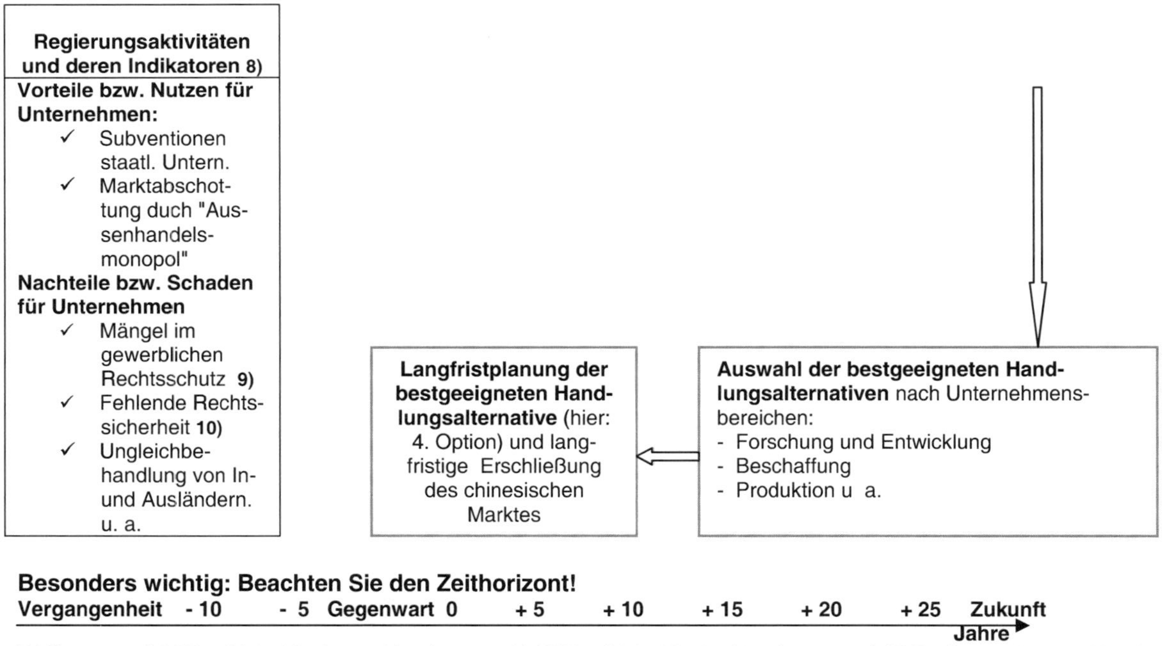

Erklärungen: a) OEM = Original Equipment Manufacturers, **b) ODM** = Original Design Manufacturers, **c) OBM =** Original Branded Manufacturers

Abb. 4.7 Vorausschau relevanter Entwicklungen in China

Anmerkungen zu Abb. 4.7:

1. Weitere Handlungsalternativen: siehe unten, Abb. 5.2 ff. zu Interimsstrategie
2. Die Vorausschau der Stoßrichtungen chinesischer Unternehmen basiert auf einer Auflistung von Indikatoren, die die Entwicklungsstufen chinesischer Unternehmen charakterisieren. Im Zentrum steht die Entwicklung von Fähigkeiten in den wichtigsten Hauptfunktionsbereichen der Unternehmen wie Produktion, F&E sowie Marketing und globale Markenführung (= Indikatoren mit relativ stabiler Entwicklung).
3. Mit großen Mengen erreichen chinesische Unternehmen eine hohe Produktivitätssteigerung und überdurchschnittliche Senkung der Lohnstückkosten. Die Prognose von in der Zukunft zu erwartenden Lohnkostenanteilen an den Herstellungskosten hat die erwartete Entwicklung des Produktionskostenniveaus ebenso zu berücksichtigen wie die erwartete Verknappung qualifizierter Arbeitskräfte.
4. Wegen der Attraktivität seines Binnenmarktes ist China in der Lage, den sich um einen Markteintritt bewerbenden Unternehmen weltweit bisher beispiellose Zugeständnisse beim Technologietransfer und bei Auslandsinvestitionen abzufordern (siehe unten).
5. Chinesische Unternehmen zielen nach wie vor vorrangig auf niedrigpreisige Marktsegmente, bewegen sich jedoch in Richtung auf höher-klassige Marktsegmente. Und chinesische Massenprodukte machen auch eine Reihe von Erzeugnissen zu Massenprodukten, deren Differenzierung früher über Markennamen und Image erfolgte (= Entwicklung von Angeboten in allen Qualitätsstufen).
6. Großabnehmer chinesischer Hersteller: Mit ihrem Konzept sind die chinesischen Unternehmen von hoher Attraktivität als Lieferanten für die US- und EU-Großunternehmen des Einzelhandels wie in den USA Wal-Mart, Target, Best Buy und Circuit City. In Europa Carrefour, Metro, Edeka u. v. a. Chinesische Unternehmen liefern bis zu zwei Dritteln bei wichtigen Warenkategorien (Shenkar 2007). Die jeweiligen Unternehmen sind füreinander die idealen Partner: Sie nehmen große Mengen ab, rufen bei schnell wechselnden Anforderungen an Produkte diese in ebenfalls großen Mengen ab. Und das entspricht dem Beschaffungsideal: „Alles aus einer Hand!"
7. Beispiele enthält eine Tabelle unten.
8. Chinas Industriepolitik zielt darauf ab, dass sich chinesische Unternehmen auch beim Eintritt in technologisch anspruchsvollere Branchen weiterhin in den arbeitsintensiven Branchen führend werden behaupten können.
9. Mängel im gewerblichen Rechtsschutz, siehe Teil II, Abschn. 7.3.3.
10. Fehlende Rechtssicherheit, siehe Teil II, Abschn. 7.3.3.

In Abb. 4.8 sind einige Fallbeispiele dargestellt.

Chinesische Unternehmen mit Hochtechnologiestandard	Technologietransfer westlicher Hochtechnologieunternehmen	Betroffene Branchen Hochtechnologie
BYD (Build Your Dreams) Company Limited, **Gründung**: Wang Chuanfu 1995, Shenzhen, **Börse:** gelistet an Hong Kong Stock Exchange, **Entwicklung:** gilt als führend in der Herstellung von Akkus und Batterien, speziell für Mobiltelefone **1)**	**Gründung:** 50:50 Joint Venture „Shenzhen BYD Daimler New Technologies Co. Ltd" mit Forschungs- und Entwicklungszentrum zur Entwicklung von Elektrofahrzeugen, **Auflagen:** neue Elektromarke, eine eigene chinesische Marke mit dem Ziel der Weltmarktführerschaft in E-Mobilität, **Politisches Instrument:** staatliche Förderung ca. 11 Mrd.Euro für Elektromobilität	Lithiumbatterien Elektrofahrzeuge strombetriebene Stadtbusse Mini-Van als Elektrofahrzeug
Lenovo, R&T-Center und Consumer Business Unit, Beijing, Server und Software, Raleigh NC, USA, Design, Yamato, Japan, **Gründung:** als privates Unternehmen **Kapitalgeber:** Chinesische Akademie der Wissenschaften, Beijng) **Entwicklung:** seit 2003: Lenovo als Firmenname, 2004/2005	**Technologische Kooperation** und Hersteller für IBM-Personal Computer Division (IBM PCD), **Akquisition** der IBM-PCD-Sparte von IBM, Raleigh NC/USA	Personal Computer, sämtliche Preisklassen 1. Quartal 2011: 4. Position weltweit: hinter HP, Acer und Dell sowie vor Toshiba **(2)**, Lenovo, damit „Global Player"

(1) Manager-Magazin.de, wikipedia.de, finanzen-net.de, investorsinside.de, faz; (2) lenovo.com, FAZ

Abb. 4.8 Relevante Entwicklungen chinesischer Unternehmen: knappe Fallbeispiele

> **Tipp** Prüfen Sie anhand der obigen Indikatoren, ob, zu welchem Zeitpunkt und in welchem Ausmaß Ihre Branche bzw. Ihr Unternehmen vom Aufstieg Chinas und von den in der Entwicklung befindlichen chinesischen Wettbewerbern betroffen sein wird! Diese Betrachtung ist auf weitere Schwellenländer wie Brasilien, Indien und Russland auszudehnen.

Die Aufgabe der Vorausschau der Betroffenheit erfasst antizipierend Ereignisse hinsichtlich des weiteren Aufstiegs Chinas und anderer Schwellenländer zu weltweit führenden Wirtschaftsmächten. Diese sind im Sinne einer Kausalkette zu begreifen, die zu einem Zeitpunkt im Verlauf des Zeithorizonts in der Zukunft Störungen im Geschäftsablauf Ihres Unternehmens bewirken werden. Es ist folgerichtig, neben die wahrscheinliche Variante der Vorausschau eine sogenannte optimistische und eine pessimistische zu stellen.

4.5.3 Spezielle Konkurrenzforschung

Die Konkurrenzforschung hat die Aufgabe, ein Abbild der wahrscheinlichen Wettbewerbssituation in Zeitabschnitten von 5, 10, 15 usw. Jahren in der Zukunft zu erarbeiten.

Relevante Konkurrenten aus Schwellenländern identifizieren

Im ersten Schritt der Konkurrenzanalyse geht es darum, die wichtigsten Wettbewerber auf der Ebene des Gesamtunternehmens, deren Geschäftseinheiten mit ihren Produktgruppen einschließlich komplett innovativer, und auf der Länderebene zu identifizieren.

Entwicklung chinesischer Unternehmen prognostizieren

In einem zweiten Schritt ist die erwartete Entwicklung von Fähigkeiten chinesischer Unternehmen bis zu einem gewählten Zeitpunkt in der Zukunft zu prognostizieren. Die Abbildung unterstellt, dass diese Unternehmen die in Abb. 4.9 aufgeführten Entwicklungsstufen durchlaufen haben.

> **Hinweis** Die Erarbeitung von Strategien bzw. Reaktionsprogrammen auf die genannten Bedrohungen setzen die Kenntnis der langfristigen Absichten der wichtigsten neuen Wettbewerber aus insbesondere den Schwellenländern China und Indien voraus.

Beurteilungskriter. / Wettbewerber	X	Y	Z
Qualitätsstufe 1 (niedrig)	x	x	x
Qualitätsstufe 2 (mittel)		x	x
Qualitätsstufe 3 (hoch)			x
Preisklasse 1 (niedrig)	x		x
Preisklasse 2 (mittel)		x	x
Preisklasse 3 (hoch)			x
Breite des Sortiments	Gering	Sehr gering	Breit
Wahrscheinliche Lebensdauer der Produkte	Gering	Mittel	Gering bis hoch
Anvisierte Zielgruppen	Niedrige Einkommen	Mittlere Einkommen – jüngere Konsumenten	Niedriges mittleres gehobenes Einkommen
Image beim Konsumenten	Gering	Mittel	Gering über mittel bis hoch
Image beim Handel	Gut	Gut	Sehr gut
Markenbildung bzw. Markenpolitik	Handelsmarken	Handels- und eigene Marken	Handelsmarken und eigene Mehrmarken-politik weltweit

Abb. 4.9 Analyse des Angebots chinesischer Wettbewerber zu einem fiktiven Zeitpunkt in der Zukunft

4.6 Ausmaß der Erneuerungslücke

Wie Sie es der Abb. 2.1 entnehmen konnten, definiert sich die Erneuerungslücke aus den Lücken der für eine Zeitperiode in der Zukunft geschätzten Umsatz- und Gewinngrößen.

Die Ergebnisse der Analyse der Zukunftsfähigkeit Ihres Produktionsprogramms und der aus ihr resultierenden Erneuerungslücke lassen sich in Thesenform wie folgt zusammenfassen:

- **These 1 zu Technologietransfer** Die Prüfung der Position der meisten Branchen in den westlichen Industrieländern, ob in den USA, der EU oder Japan, hat zu dem Resultat geführt, dass immer mehr Wettbewerber aus dem Ausland, insbesondere aus den Schwellenländern, in der Lage sind, Tätigkeiten auszuüben, die bisher unter anderem vorwiegend in Deutschland angesiedelt waren.

- **These 2 zu Marktlebenszyklus** Die meisten Unternehmen im produzierenden Gewerbe ihrer Volkswirtschaften der westlichen Industrieländer sind in Branchen tätig, die sich im Marktlebenszyklus der jeweiligen Branchen bzw. Produktkategorien in der Abstiegsphase befinden.

- **These 3 zu Abnehmerschichtung** Die Abnehmergruppen in den meisten Industrieländern zeigen eine sich stark polarisierende Entwicklung: Einem Anstieg in den Hochkaufkraftsegmenten steht eine Verminderung in den mittleren Segmenten und ein starker Anstieg in den unteren Segmentgruppen gegenüber. Welche Folgerungen sind aus einer derartigen Entwicklung für die diese Gruppen beliefernden Unternehmen in Zeitintervallen von 20 bis 30 Jahren zu ziehen?

Und:

Attraktive Abnehmergruppen für eine Reihe von Branchen der Investitionsgüterindustrie haben sich von europäischen und US-amerikanischen Standorten in asiatische Länder verlagert.

- **These 4 neue Wettbewerber aus Schwellenländern** Analysen zeigen, dass junge aufstrebende Unternehmen aus den Schwellenländern in naher Zukunft das Geschäft in traditionellen Branchen beherrschen werden. Beispiele sind der Welt größter Exporteur von Eisenerz (Vale, Rio de Janeiro, Brasilien), der Welt größter Stahlhersteller (Arcelor Mittal, Indien) und der Welt größter Produzent von kleinen Elektromotoren (Johnson Electric, HongKong). Markennamen wie Arcelor (siehe oben), Volvo (Geely Holding, Hangzhou, China) oder Jaguar (Tata Motors, Indien) sind solche indischer bzw. chinesischer Unternehmen!

- **These 5 zur Rohstoffverknappung** Bis zu einem bestimmten Zeitpunkt in der Zukunft, z. B. in 30 Jahren, liegt für eine Reihe von Rohstoffen eine Verknappung vor, der eine Preisexplosion voranging. Als kritische Rohstoffe lassen sich bereits in der Gegenwart sogenannte seltene Erden nennen, denen weitere wie das Phosphat folgen werden.

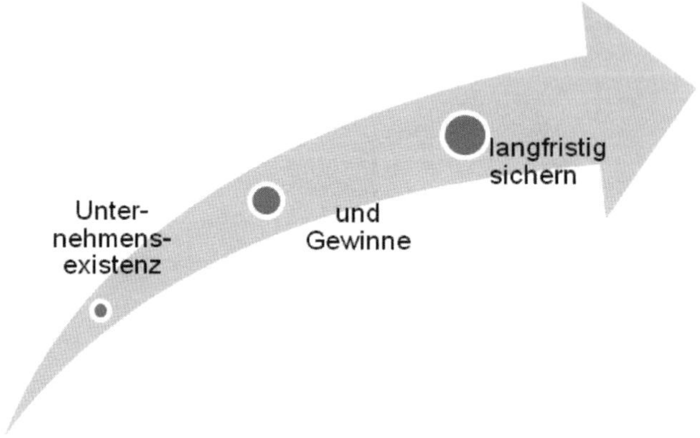

Abb. 4.10 Ihr Handlungsbedarf

Abbildung 4.10 wiederholt den Leitgedanken dieses Abschnitts: Das wichtigste langfristige Unternehmensziel ist die Existenzsicherung durch Ausgestaltung eines entsprechenden Produktionsprogramms. Oder: Im Fokus der Reaktion steht die langfristige Existenzsicherung!

Existenzsicherungsstrategien im Überblick 5

Die Erreichung dieses Ziels lässt sich durch den Einsatz sogenannter Existenzsicherungsstrategien realisieren. Das Leitlinien-Konzept (Crawford 1972, S. 254 f.) fasst den Prozess der Erreichung langfristiger Ziele als Abfolge von Zustandsveränderungen im Zeitablauf auf. Die für diesen Zweck erforderliche Planung umfasst mehrere Perioden mit der Vorgabe jeweils zielführender kurz- und mittelfristiger Zwischenziele. Die Erreichung langfristiger Ziele erfolgt auf der Basis sogenannter Strategien.

Für den Strategiebegriff existieren in der Literatur unzählige Ansätze. Es gilt, in diesem Zusammenhang nach einer Definition zu suchen, die für Ihre Arbeit unmittelbar geeignet ist. Aus diesem Grunde erscheint die Definition der Strategie „als zukunftsorientierte Planung" zur Erreichung langfristiger Ziele bei Einsatz eines Bündels von Maßnahmenprogrammen als die bestgeeignete (Minzberg 1996, S. 59 ff.).

Abbildung 5.1 gibt einen Überblick über den Einsatz möglicher Existenzsicherungsstrategien im Zeitablauf. Gleichzeitig benennt sie deren Fokus und deren wichtigste Aufgaben.

5.1 Im Fokus der Vitalisierungsstrategie: Kostenorientierung

Die Vitalisierung eines Unternehmens erscheint erforderlich, nachdem z. B. nach langjähriger Erfolgsgeschichte eines Geschäftsmodells Verluste auftreten. Die Ausgangssituation eines Unternehmens, deren Produktgruppen sich im Marktlebenszyklus in der Abstiegsphase befinden, weisen die folgenden Phänomene auf: sinkende Margen, fehlender Spielraum für unternehmensindividuelle Preiserhöhungen insbesondere wegen der oligopolistischen Wettbewerbsstruktur, fast gleichartiges Angebot der wichtigsten Konkurrenten u. a. Eine rückläufige Finanzkraft, ausgedrückt als Cashflow, ist die Folge. In dieser Situation geht es darum, die Finanzkraft für die erforderliche Erneuerung wiederzugewinnen.

G. Stahr, *Der Weg zu Weltinnovationen*, DOI 10.1007/978-3-8349-3725-4_5,

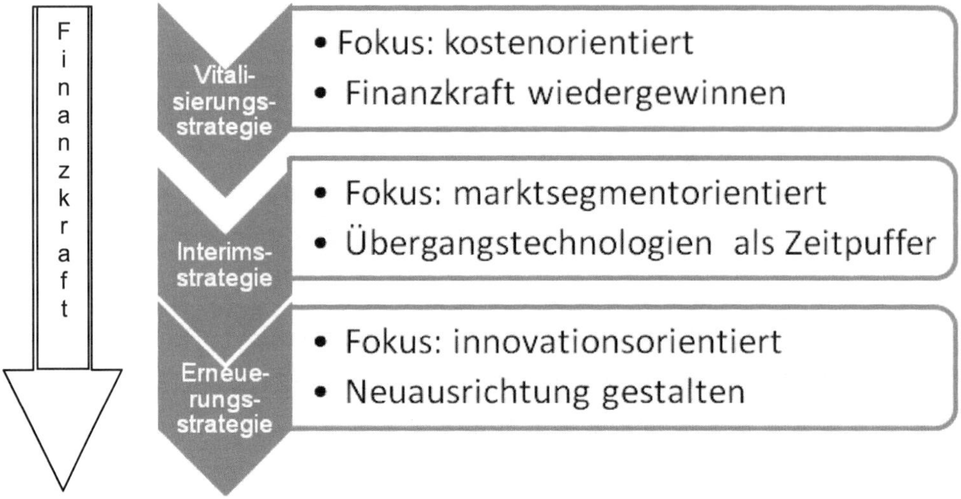

Abb. 5.1 Überblick über Existenzsicherungsstrategien. Anmerkung: Finanzkraft definiert als Entwicklung des jährlichen Finanzüberschusses im Zeitablauf = Cashflow

> **Wesen der Vorgehensweise** Im Fokus der Vitalisierungsstrategie mit ihren Aktions- bzw. Reaktionsprogrammen steht deren Kostenorientierung.

> **Hinweis** Bitte vergegenwärtigen Sie sich, über welche Handlungsalternativen Sie in Ihrer spezifischen Situation verfügen. Abbildung 5.2 enthält eine Reihe von Anregungen.

5.2 Interimsstrategien und ihre Optionen

Die Interimsstrategie verfolgt die Leitidee, das bisherige Geschäftsmodell „auf Zeit“ fortzusetzen. Es geht um die Erarbeitung von Zwischenlösungen auf dem Weg zur beabsichtigten Erneuerung. Im Mittelpunkt der Aufgabenstellung der Interimsstrategie steht die Entwicklung marktfähiger Übergangstechnologien.

Die Übergangsstrategie ist ihrem Wesen nach marktsegmentorientiert. Die Denkweise ist strategisch-mittelfristig. Über welche strategischen Optionen verfügt ein Unternehmen im Rahmen der so definierten Übergangsstrategie? Abbildung 5.3 bietet einige Vorschläge:

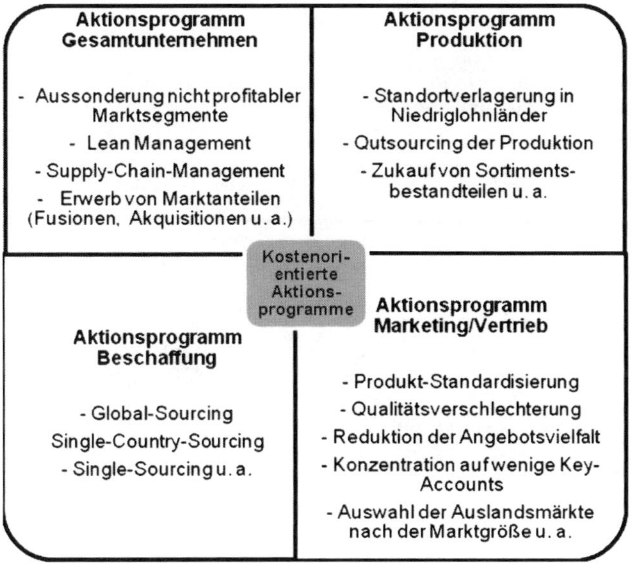

Abb. 5.2 Handlungsalternativen der Vitalisierungsstrategie

Abb. 5.3 Optionen der Interimsstrategie

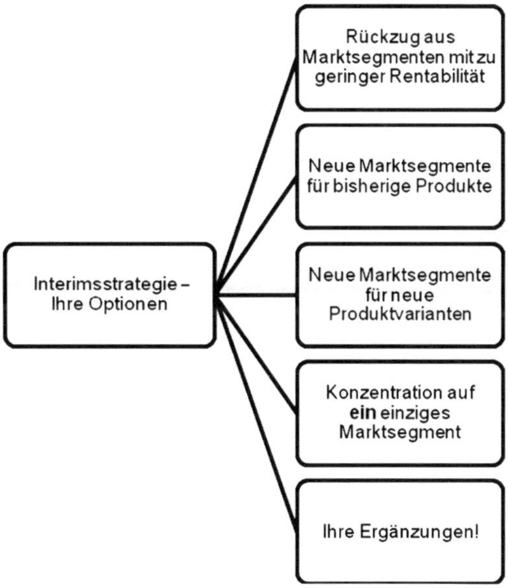

5.3 Worauf Sie achten sollten

1. Umkämpfte Mittelpreis-Segmente

Die Interimsstrategie wird schwerpunktmäßig das Vordringen von Wettbewerbern aus Schwellenländern in Mittelpreissegmente zu berücksichtigen haben. Diese waren in der Vergangenheit bis in die Gegenwart den Unternehmen aus westlichen Industrieländern vorbehalten (Abb. 5.4).

2. Andersartige Zuordnung zu Marktsegmenten

(Neue) Konkurrenten insbesondere aus Süd-Korea oder aus China und Indien bieten Produkte mittlerer Qualität zum deutlich niedrigeren Preis an und zerstören ggf. die Existenzgrundlage für Mittelmarken! Es ist in diesem Zusammenhang zu beachten, dass Handelsunternehmen ihre Eigenmarken dem neuen Trend ggf. schneller anpassen (= Geschwindigkeit der Händler!) als Produzenten. Die idealen Partner für die Handelsunternehmen

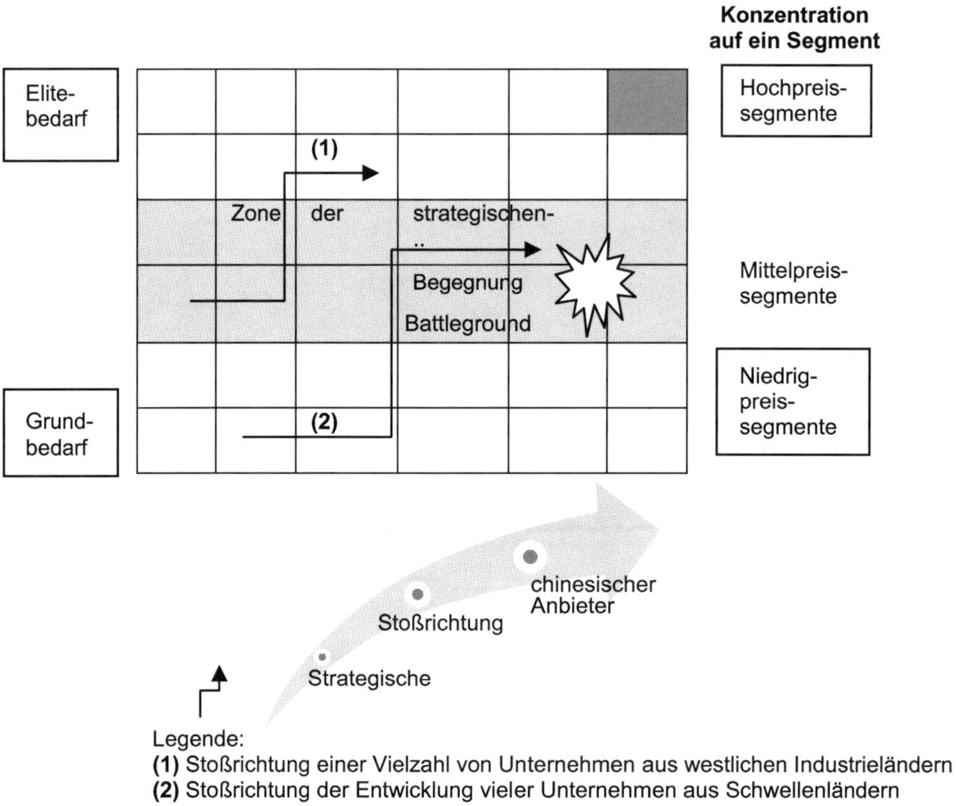

Abb. 5.4 Stoßrichtungen von Unternehmen aus Industrie- und Schwellenländern

Optionen der Marktstimulierungsstrategie	Präferenzstrategie	Sowohl- als-auch-Strategie 1)	Preis-Mengen-Strategie
und deren Profitabilität	hoch	niedrig	hoch

1) bzw. Zwischen-den-Stühlen-Strategie

Abb. 5.5 Optionen der Marktstimulierungsstrategie

als Großabnehmer sind (Groß-)Lieferanten insbesondere aus China mit deren Effekt der starken Stückkostendegression.

3. Fluchtweg ins Elite-Segment

In Abb. 5.4 ist die Stoßrichtung der Bearbeitung von Marktsegmenten deutlich erkennbar. Auf relativ lange Fristen könnte die folgende Schlussfolgerung richtig sein: Wer den Sprung ins (ggf. weltweite) Elite-Segment verpasst, wird die Exit-Strategie wählen (müssen). Allerdings ist die Marktgröße der Elite-Segmente relativ gering.

4. Existenzgefährdung: „Zwischen-den-Stühlen"

Sowohl in den Industrieländern als auch in den aufstrebenden Schwellenländern zeichnet sich ein gravierender Wandel im Aufbau der Abnehmerschichten ab. Bitte blättern Sie zurück zu Abb. 4.5

Dieser Wandel bietet neue langfristig-strategische **Chancen bei** der Festlegung der **Marktstimulierungsstrategie** (Abb. 5.5). Becker bezeichnet die Wahl zwischen der Präferenzstrategie (Angebot eines Leistungsvorteils im Qualitätswettbewerb) und der Preis-Mengen-Strategie (Angebot von Produkten mit Preisvorteil im Preiswettbewerb) für die Zukunft als eine *Schlüsselstrategie.*

Die beiden oben genannten Strategievarianten gewährleisten tendenziell eine hohe Rentabilität, während eine dritte Strategievariante, die sogenannte „Sowohl-als-auch-Strategie" bzw. die „Zwischen-den-Stühlen-Strategie" (Porter 1987, S. 71 ff.) in der Regel in die Existenzgefährdung führt. (Becker 1990) Allerdings gilt es zu beachten, dass die typische Fluchtbewegung (siehe auch oben) nach dem Trading-up-Konzept zu Positionen in Teilmärkten mit relativ geringer (Teil-)Marktgröße führt. Sie zieht damit, wie bereits erwähnt, eine Verringerung der absetzbaren Mengen nach sich. Aus diesem Grunde zwingt dieser Strategie-Ansatz in der Regel zu einem Mehr-Marken-Konzept für mehrere Marktsegmentschichten.

▶ **Hinweis** Es ist unmittelbar einsehbar: Aus Mengengründen sind die unteren Marktschichten besonders interessant.

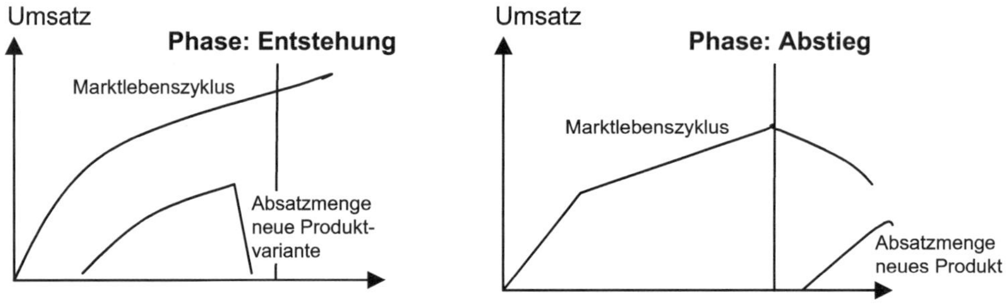

Abb. 5.6 Entwicklung des Markt- und Produktlebenszyklus

5. Fallstricke zwischen mittel- und langfristigen Effekten

Markt- und Produktlebenszyklus: Verdeutlichen Sie sich noch einmal den Unterschied zwischen dem Marktlebens- und dem Lebenszyklus von Produkten. Bitte blättern Sie zurück zu Abb. 4.5. Die beiden Teile von Abb. 5.6 verdeutlichen, wie sich die Entwicklung des Marktlebenszyklus und des Produktlebenszyklus voneinander unterscheiden. Die linke Abbildung zeigt die (im Zeitverlauf) gescheiterte Markteinführung einer neuen Produktvariante/Produktgeneration in der Entstehungsphase des Marktlebenszyklus mit hohen Wachstumsraten der Marktgröße. Die rechte Seite in Abb. 5.6 signalisiert eine erfolgreiche Markteinführung einer Produktvariante/Produktgeneration in der Phase des Abstiegs des Marktlebenszyklus mit entsprechenden Schrumpfungsraten. Die Absatzmenge der neuen Produktvariante ist hingegen stark im Wachstum begriffen. Dem Umsatzwachstum folgt entsprechend die Gewinnentwicklung.

Die beiden Teilabbildungen besagen zweierlei:

1. Ein neu eingeführtes Produkt kann auf einem Markt mit hohen Wachstumsraten in der Entstehungs- und Wachstumsphase scheitern.
2. Umgekehrt lässt sich ein Produkt erfolgreich auf einem Markt in dessen Phase des Abstiegs mit großem Erfolg vermarkten.

▸ **Hinweis** Die Vermengung von langfristigen Konsequenzen aus dem Marktlebenszyklus mit mittel- bis kurzfristigen Auswirkungen des Produktlebenszyklus verleitet ggf. zu gravierenden Fehleinschätzungen bei der Einschätzung des Erneuerungsbedarfs in einem Unternehmen insbesondere der westlichen Industrieländer.

▸ **These** Die Markteinführung eines neuen Produkts in einem Markt im Abstieg ist ihrem Wesen nach eine Absurdität. Dennoch: Führt ein Unternehmen in dieser Phase eine neuartige Produktvariante in den Markt ein und erfolgt die Entwicklung des Abstiegs langsam, dann bleibt die Marktgröße in der westlichen Welt beträchtlich. In Märkten im Abstieg findet man, allgemein ausgedrückt, die „fettesten Cashcows" (Lendrevie 1990, S. 170 f.). Auf derartigen Märkten sind weltweit starke Großunternehmen aktiv, die gleichzeitig zu den profitabelsten Unternehmen der Welt gehören. Der Wettbewerb ist in vielen Fällen „wenig lebendig", die Investitionen in Produktion und Marketing wurden bereits in der Vergangenheit getätigt und sie haben sich größtenteils bereits amortisiert.

Hoher F&E-Aufwand – geringe Erträge: S-Kurveneffekt

Die Frage, wie viel Fortschritt bei Einsatz von Forschungsaufwendungen und/oder bei Einsatz von Zeit möglich ist, beantwortet die sogenannte S-Kurve der technologischen Entwicklung. Nach Untersuchungen von McKinsey lässt sich der Leistungsverlauf einer Technologie in Beziehung zum F&E-Aufwand und/oder dem Zeitablauf durch eine S-förmige Kurve charakterisieren.

Die Kurve verdeutlicht:

- Jede Technologie stößt aufgrund naturwissenschaftlicher oder technischer Gesetzmäßigkeiten z. B. in Konstruktion oder physikalischer Leistung an natürliche Grenzen, d. h., ihr technologisches Potenzial ist ausgeschöpft.
- In der Endphase führt damit auch ein relativ hoher F&E-Aufwand nur noch zu einer marginalen Technologieausbeute (= niedriger Grenzertrag des Kapitaleinsatzes!).
- Der Übergang von einer bisherigen auf eine neuere, anspruchsvollere Technologie erbrächte damit eine wesentlich höhere Technologieausbeute.

Abbildung 5.7 zeigt die angesprochene S-Kurve (Krubasik 1988, S. 446).

Folgerungen:

(1) Das Verharren in einer bisherigen Technologie erbringt bei relativ hohem F&E-Aufwand nur noch **bescheidene Produktverbesserungen.**

(2) Eine Technologie-Prognose der beschriebenen Art schränkt die Betrachtung auf gleichartige Lösungstechnologien für dasselbe Abnehmerbedürfnis ein. Für diesen Fall gelten diese Aussagen auch für den Übergang auf sogenannte anspruchsvollere Technologien.

▸ **Tipp** Es gilt zu vermeiden, dass Ihr Unternehmen Technologien bis an die Grenze der Leistungsfähigkeit ausbeutet. Oder: Hüten Sie sich vor der Verliebtheit in alte Technologien.

▸ **Hinweis** Die auf eine Technologie eingeengte Betrachtung verstellt den Blick (sogenannter Scheuklappen-Effekt) auf komplett neuartige Lösungen zur Abdeckung bisheriger Bedürfnisse.

(3) Die Substitutionskurve rückt die Potenziale alternativer Technologien in den Mittelpunkt. Die Entwicklung der neuartigen Technologie führt zur Entstehung und Markteinführung von Substitutionsprodukten. Sie startet einen neuen Marktlebenszyklus. Diese Kurve (siehe Abb. 4.2) zeichnet den Verlauf der Absatzmengen nach.

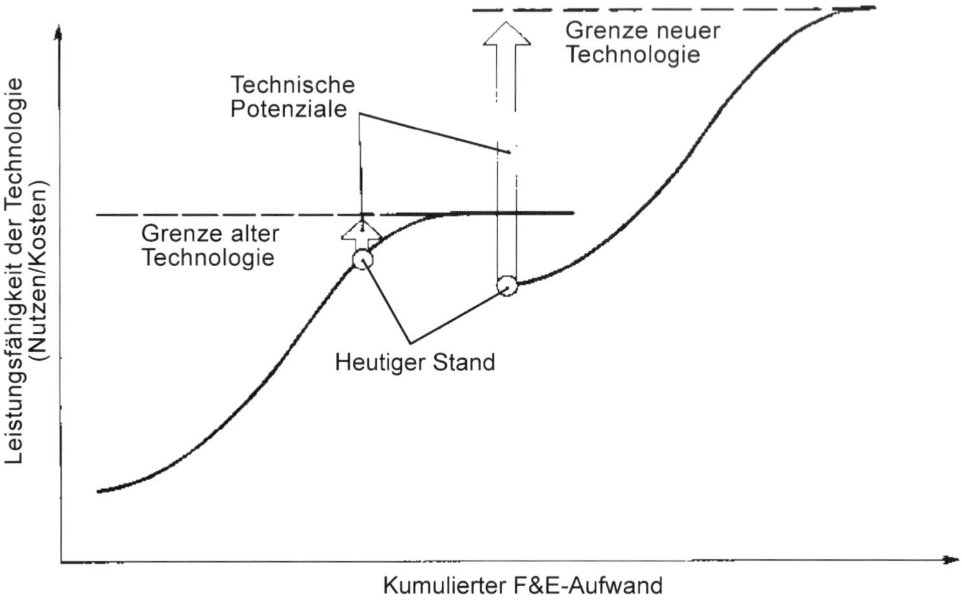

Abb. 5.7 S-Kurve der technologischen Entwicklung

▸ **Hinweis** Gegebenenfalls verschwenden Sie Ihre wertvollen F&E-Ressourcen, indem Sie Forschungsgelder in Produkte bzw. in Produktvarianten investieren, die bereits mittel- bis langfristig vor dem Exitus stehen.

5.4 Was es weiterhin zu bedenken gilt

Magere Zukunft „exzellenter Unternehmen"

Sie werden sich erinnern oder davon gehört haben: Die McKinsey-Publikation von Peters und Waterman „In Search of Excellence" (1984) war damals der Bestseller der Management-Literatur überhaupt. Was wenig bekannt ist: Welche Zukunft hatten die als exzellent präsentierten Unternehmen langfristig?

▸ **Hinweis** Ein Forschungsteam des McKinsey-Instituts beobachtete in den USA 208 sogenannte exzellente Unternehmen über einen Zeitraum von 18 Jahren. Von diesen Unternehmen schafften es nur 3 (noch einmal in Buchstaben: drei), über die gesamte Periode erfolgreich zu sein. (Doyle 1992, zitiert nach Hinterhuber et al. 1994, S. 57)

Schlechte Aussichten für Technologieführer

Nach einer anderen Untersuchung mit einer leicht verschobenen Aufgabenstellung von Pümpin und Prange (1991, S. 33) schafften nur 30 % der Technologieführer einer ausgewählten Branche den Übergang von einer alten in eine neue Technologie und übernahmen auch dort die Spitze.

> **Tipp** Zur Sicherung des Zugangs zu knappen Rohstoffen in der Zukunft empfehlen sich Kapitalbeteiligungen – China macht es uns vor! (Schröder 2011) (siehe auch Wissen.de: Deutsche Industrie verschläft Kampf um seltene Rohstoffe).

5.5 Strategie der Erneuerung

Die Erneuerungsstrategie folgt der Innovationsaufforderung Schumpeters „Alles anders machen“ (s. Teil II).

Optionen der Erneuerungsstrategie

Im Rahmen der Strategie der Erneuerung verfügen Sie über eine Vielzahl von Optionen, von denen Abb. 5.8 einige auflistet.

Die Erneuerung im Sinne der obigen Strategie zielt stets auf die Erfindung komplett neuartiger Lösungen ab. Bei der zuerst genannten Option der Erneuerung geht es um komplett neuartige Lösungen für bisherige Bedürfnisse im Sinne Innovation als Substitution. Die Markteinführung dieser Produktlinien führt zur Entstehung eines neuen Marktes mit einem neuen bzw. eigenen Marktlebenszyklus (s. o., Abb. 5.8). Im Falle einer erfolgreichen Markteinführung geht mit dem Wachstum des Marktes für das neue Produkt eine Schrumpfung des Marktes für die bisherigen Produkte einher. Für diesen Fall bietet sich

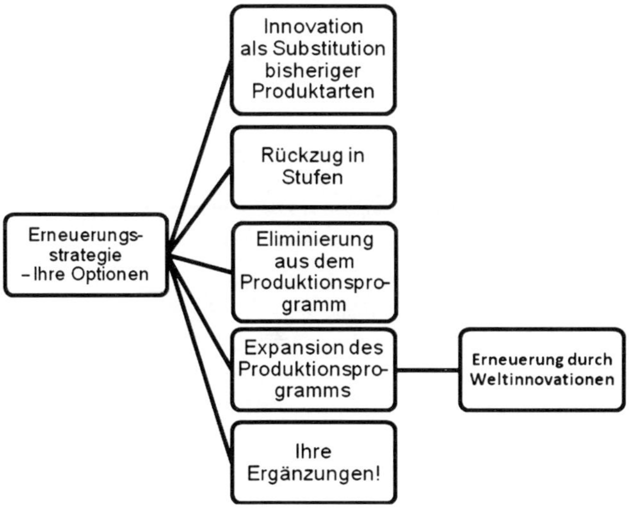

Abb. 5.8 Optionen der Erneuerungsstrategie

als Option der schrittweise Rückzug aus dem Markt mit den bisherigen Produktgruppen an. Die Substitution kann auch zur Eliminierung von Produktgruppen mit unbefriedigenden Renditen führen (= Liquidation einer SGE).

Die Expansion des Produktionsprogramms mit komplett neuartigen Produkten basiert auf folgenden Konstellationen:

- In einem ersten Fall bietet das Unternehmen nach einer **Neudefinition bisheriger Bedürfnisse** komplett innovative Produkte an. Als Ursachen lassen sich in der Regel Veränderungen im Umfeld wie die folgenden ausmachen: (1) eine staatliche Beeinflussung der Bedürfnisse über die Gesetzgebung, (2) Wandel der Bedürfnisse beim Abnehmer (siehe oben Teil II, Kap. 6), eine Verknappung ausgewählter Rohstoffe (siehe oben Teil I, Kap. 4, siehe unten Teil II, Kap. 6). Beispiele zur Erläuterung finden Sie in der nachstehenden Tabelle.
- In einem zweiten Fall geht es um Produkte zur **Befriedigung** bisher **latenter Bedürfnisse.** Damit wandeln sich latente Bedürfnisse in marktwirksame Wünsche um. Beispielsweise erlauben neue technologische Möglichkeiten die Entwicklung komplett innovativer Produkte zu deren Abdeckung.
- In einem dritten Fall geht es um die Umsetzung **neuartiger Bedürfnisse** in marktwirksame Wünsche. Diese entwickeln sich beispielsweise aus einem Wandel der Umwelt und/oder aus neuen technischen Möglichkeiten. Ihnen begegnet das Unternehmen mit der Erfindung und erfolgreichen Markteinführung komplett innovativer Produkte.

5.6 Einige praktische Beispiele

Um das Wesen der Erneuerung des Produktionsprogramms zu erläutern, beinhaltet Abb. 5.9 einige Beispiele mit einer Zuordnung zu den genannten Ursachen für Neuproduktentwicklungen.

▸ **Anmerkungen zu Abb. 5.9**

1) Als Beleuchtung auf Flächen aus organischen Materialien wie Kunststoff, erwarteter Verbreitungsgrad etwa 50 % aller Haushalte in den USA bis zum Jahre 2023 = Markteinführung in Verbindung mit schrittweisem Rückzug bei ebenfalls schrittweiser Markteinführung von LED- und Oled-Technologien;
2) Kleidung wird mit negativen Ionen beschossen (Einsatz der Ionentechnik), Gebläse saugt Dreck und Bakterien ab. (Quelle: Trendletter);
3) Eine Absenkung des Phosphatbedarfs um 45 % wäre in den westlichen Ländern durch Änderung des Ernährungsverhaltens möglich, wenn die Konsumenten weitgehend auf den Verzehr von Fleisch verzichteten. (Quelle: P.M., August 2010, München, S. 58 ff.);
4) Trendletter, unterschiedliche Jahrgänge, FAZ, verschiedene Ausgaben, insbesondere 4. April 2011, Nr. 88, S. 18;

Neudefinition von Bedürfnissen	**Bisherige Produkte**	**Komplett neuartige Produkte**
Zu (1): unter staatlichem Einfluss: Verbot von Glühlampen wegen Energieverschwendung + erwarteter geringerer Stromverbrauch	traditionelle Lampen und Beleuchtungssysteme	neue Lichttechnologie unter Einsatz der Licht emittierenden Diode (LED) und der organischen Leuchtdiode (Oled) **(1)**
Zu (2): bei Wandel der Bedürfnisse Funktionserfüllung + Umweltschutz (= ressourcenschonend und geringere Umweltbelastung)	Waschautomat mit Wasser und Waschmittel	Waschautomat ohne Wasser und Waschmittel **(2)**
Zu (3): als Folge der Verknappung Rohstoff Phosphat Urinentsorgung + Gewinnung des Rohstoffs Phosphat + Ressourcenschonung bei Wasser	Toiletten mit Wasserspülung zumeist unter Einsatz von Trinkwasser, Verschwendung von **(3)** Mio. t Phosphat pro Jahr in den Industrieländern	Phosphat-Gewinnung (Recycling) durch Urin-Separierung über Spezialtoiletten in Sammeltanks **(3)**
Latente und neuartige Bedürfnisse		
➢ **latentes Bedürfnis** = aus Umkehr von Prozessen wie „Regenerieren statt Reparieren"	konventioneller Einsatz von Chirurgie, künstlichem Gelenk (Prothese) und Arzneimitteln	Züchtung von Knorpelzellen im Labor und Rückgabe ins Gelenk **4)**
➢ **neuartiges Bedürfnis** = planetarische Exploration	entfällt	mobiler, ggf. im Erdorbit freifliegender oder auf Planetenoberfläche laufender bzw. fahrender Robotonaut **5)**

Abb. 5.9 Beispiele für Zuordnung von Neuproduktentwicklungen nach Ursachen

5) zusätzlich eine Vielzahl „irdischer Anwendungsbereiche" wie als zweiarmiger Produktionsassistent in der Getriebemontage und als Chirurgieroboter insbesondere im Bereich der Urologie (Quelle: Mediaplanet, Automation & Robotik, Nr. 1/2010).

Mit der Thematik **Wege der Erneuerung (= zu Weltinnovationen)** befasst sich Teil II.

Literaturverzeichnis

Albaum G, Duerr E, Strandkov J (1998) International Marketing and Export Management, 3. Aufl. Addison Wesley, Harlow

Aurich W, Schroeder HU (1972) System der Wachstumsplanung. Moderne Industrie, München

Becker J (2009) Marketing-Konzeption, 9. Aufl. Verlag Vahlen, München (3. Auflage, München 1990)

Crawford CM (1972) Das Zeitlinienkonzept in der Absatzplanung. In: Kroeber-Riel W (Hrsg) Marketingtheorie, Verhaltensorientierte Erklärungen von Marktreaktionen. Römer Verlag, Köln

Ferlic F, Gomez P, Raisch S (2009) Wie Ihr Unternehmen gesund wächst. Harvard Business Manager 2009(10):104 (Hamburg)

Hax AC, Majluf NS (1991) Strategisches Management. Campus, Frankfurt New York

Hinterhuber HH (2004) Strategische Unternehmensführung, 7. Aufl. de Gruyter, Berlin New York

Hinterhuber HH, Aichner H, Lobenwein W (1994) Unternehmenswert und Lean Management. Manz Verlag, Wien

Homburg C, Krohmer H (2003) Marketingmanagement. Gabler Verlag, Wiesbaden

Jossé G (2005) Balanced Scorecard. dtv, München

Keegan WJ (1984) Multinational Marketing Management, 3. Aufl. Prentice-Hall, Englewood Cliffs, New Jersey

Kreilkamp E (1987) Strategisches Management und Marketing. de Gruyter, Berlin New York

Krubasik E (1988) Technologiemanagement für überlegene Innovationsstrategien. In: Henzler HA (Hrsg) Handbuch Strategische Führung. Gabler Verlag, Wiesbaden

Lendrevie J, Lindon D (1990) Mercator Theorie et Practique du Marketing, 4. Aufl. Dalloz, Paris

Lück W, Trommsdorff V (Hrsg) (1982) Internationalisierung der Unternehmung als Problem der Betriebswirtschaftslehre. E. Schmidt Verlag, Berlin

Meffert H (2000) Marketing – Grundlagen marktorientierter Unternehmensführung, 9. Aufl. Gabler Verlag, Wiesbaden

Minzberg H (1996) Strategie als Handwerk. In: Montgomery CA, Porter ME (Hrsg) Strategie. Ueberreuter, Wien

Naisbitt J (2007) Mindset! Hanser Verlag, München

Porter ME (1987) Wettbewerbsstrategie. Campus, Frankfurt New York

Porter ME (1992) The Competitive Advantage of Nations. Macmillan Press, London Basingstoke

Pümpin C, Prange J (1991) Management der Unternehmensentwicklung. Campus, Frankfurt New York

Segler K (1986) Basisstrategien im internationalen Marketing. Campus, Frankfurt New York

Sieren F (2005) Der China Code, 3. Auflage. Econ Verlag, Berlin

Shenkar O (2007) Chinas Jahrhundert. Finanzbuch Verlag, München

Stahr G (1980) Exportpraxis. Behr's Verlag, Hamburg

Stahr G (1989) Internationale strategische Unternehmensführung. Kohlhammer Verlag, Stuttgart, Berlin Köln

Wells LT (1968) A Product Life Cycle for International Trade. Journal of Marketing

Winkelmann P (2004) Marketing und Vertrieb. Oldenbourg Verlag, München Wien

Teil II
Wege zu Weltinnovationen

6 Erneuerungslücken mit Neuprodukten schließen

US-amerikanische Unternehmen machen sich u. a. mit einem hohen Stimulus-Paket der Regierung auf den Weg in die Zukunft. Neue Wettbewerber, insbes. aus China, haben weltweit große Pläne – auch auf den Märkten der westlichen Industrieländer.

Die Fähigkeit, seinen Wettbewerbern stetig einen zeitlich deutlichen Schritt voraus zu sein und als Erster in der Zukunft anzukommen, ist ein hoher Anspruch (Hamel 2000 München Wien 1997). Diesen durchzusetzen erfordert:

- einerseits überlegene Wege bei der Suche nach Weltinnovationen zu finden und
- andererseits das Risiko eines Misserfolgs bzw. Flops der Markteinführung so weit wie möglich zu reduzieren.
- Und es bedarf einer Unternehmensführung, die den Erneuerungsprozess inspiriert und mit Energie füllt.

6.1 Sorgfalt in der Suchphase

Nach einer Befragung führender US-Unternehmen durch die Unternehmensberater von Booz et al. (1968, S. 11 f., **1**) unten) liegt die zentrale Ursache für Misserfolge bei der Markteinführung innovativer Produkte bei Mängeln in deren Suchphase. Nach den Ergebnissen einer weiteren empirischen Studie verteilen sich die Kosten der Produktentwicklung wie folgt auf deren einzelne Phasen:

- Suchphase: Nur etwa 8 bis 10 % der gesamten Entwicklungskosten entfallen auf diese Phase. Sie beinhaltet die systematische Suche nach Ideen, die Ideenbewertung und entsprechende Wirkungsanalysen.
- Entwicklungsphase: In dieser Phase entstehen rund 30 % der Kosten.

G. Stahr, *Der Weg zu Weltinnovationen*, DOI 10.1007/978-3-8349-3725-4_6,

- Testphase: Auf diese Phase des Tests von (alternativen) Produktkonzepten entfallen ca. 12 % der Kosten und auf die
- Markteinführungsphase ca. 50 % der gesamten Kosten.

Die Befragungsergebnisse sprechen für sich und raten zur extremen Sorgfalt in der Suchphase. Doch gehen wir in Schritten vor und definieren zunächst den Begriff der Neuprodukte.

6.2 Neuprodukte bzw. Innovationen eindeutig definieren

... nach dem Grad der Neuigkeit eines Produkts

In einer Studie, die sich auf 700 Unternehmen und 1300 Konsum- und Investitionsgüter bezog, erfolgte eine Bewertung des Neuigkeitsgrades dieser Produkte. Booz et al. (1982) unterschieden zwischen den Extremen „Neu für die Welt" und „Neu für das Unternehmen" und bildeten eine Typologie nach dem Grad der Neuigkeit von Produkten wie folgt:

Nr.	Neuigkeitsgrad der Produkte	Anteile in %
1.	Neuprodukt – neu für die Welt	10
2.	Produktgruppe – neu für das Unternehmen	20
3.	Neue Produktvariante, also einer existenten Produktgruppe zuordnenbar	26
4.	Produktmodifikation	26
5.	Repositioniertes Produkt	7
6.	Kostensenkunа durch Prozessinnovationen	11

1) Anmerkung: Die Untersuchung liegt viele Jahre zurück. Beobachtungen der Märkte rechtfertigen die Annahme, dass diese Relationen bis in die Gegenwart erhalten geblieben sind (auch Winkelmann 2004, S.186ff.).

Demnach ist festzustellen, dass nur ein kleiner Anteil der sogenannten Innovationen, nämlich 10 %, echte Weltneuheiten darstellen. Die Mehrheit, nämlich 70 %, bestehen aus einer Ausweitung des Angebots um neue Produktvarianten oder um Produktmodifikationen.

... als weltweit innovatives Produkt

- **These** Allein eine Problemstellung ohne Lösungsvorbild – und das weltweit betrachtet – ist ein echt neuartiges bzw. innovatives Produkt. Nach ihm gilt es wegen der unmittelbar einsehbaren Wettbewerbsvorteile zu suchen. Und dabei soll die Langfristplanung unterstützen, die Entscheidungssicherheit zu verbessern.

6.3 Langfristige Neuproduktplanung

- **These** Die langfristige Planung als Ergänzung der bisherigen strategischen Planung soll die Sterblichkeitsrate von Neuprodukten drastisch verringern.

Gegenstand der langfristig-strategischen Neuproduktplanung sind die systematische Suche nach und die Planung sowie Durchsetzung von Innovationen. Die Planung von Produktinnovationen lässt sich als Abfolge eines Prozesses einzelner Phasen wie in Abb. 6.1 charakterisieren.

6.4 Ansatzpunkte für Neuproduktsuche

In diesem Rahmen stellt sich die wichtigste Frage überhaupt: Wie findet man lukrative Neuprodukte, die im Inland und auf auszuwählenden Auslandsmärkten die erhofften Zukunftsaussichten in sich tragen?

„Das Denken vom Markt her“, das „Unternehmen als Pionier“ bzw. „als Erster in der Zukunft ankommen“, diese Sätze dienen als Leitmaximen bei dieser Suche.

Bei der **Suche nach komplett innovativen Produkten** sind insbes. Systematik und Kreativität vonnöten. Als zentrale Methode für die systematische Ideenanregung für neuartige Produkte empfiehlt sich aus diesem Grund ein Verfahren, das auf logischen Denkprozessen basiert: nämlich die Arbeit **mit Suchfeldern!** Als Suchfeld für neuartige Produktideen bezeichnet man den Bereich, innerhalb dessen nach neu zu lösenden Problemen für potenzielle Abnehmer im In- und Ausland zu suchen sein wird.

Abbildung 6.2 enthält eine Orientierungskarte dreier unterschiedlicher Ansätze für die Ideensuche mit jeweils einer Reihe ihnen zuzuordnenden Suchbereichen. Die Erarbeitung der Anzahl möglicher Ansatzpunkte und der ihnen zuzuordnenden Suchfelder versteht sich als kreativer Prozess und ist theoretisch grenzenlos.

6.5 Einsatz des Vorausschau-Informationssystems

Die Vorgehensweise beim Einsatz des Vorausschau-Informationssystems zur Lösung von Aufgaben der Langfristplanung finden Sie in Teil III. Sie machen sich nunmehr schritt-

Umfassend-sorgfältige Suchphase 1) **Ansatzpunkte für langfristig-wirksame Suche nach Erfolg versprechenden Neuprodukten**	
Ansätze für Suche im Überblick • langfristige Entwicklung von Abnehmerbedürfnissen, • langfristige Entwicklungen ausgewählter Umfeldelemente, • langfristige Entwicklung technologischer Möglichkeiten u.a.	Zuordnung attraktiver Suchbereiche mit ihren Suchfeldern sowie Vorausschau von deren Entwicklung = Problemstellung zur Ableitung von Neuproduktprojekten

Auswahl von Produktprojekten und Entwicklung von Produktkonzepten	
Projektgenerierung durch • systematisch-logische Verfahren Projektauswahl durch • Auflistung attraktiver Projekte • Vor- und Grobauswahl • Hauptauswahl	Projektkonkretisierung Entwicklung und Auswahl von Produktkonzepten

Entwicklung von Produkten durch langfristig-strategische F&E-Planung und Produkttests	
Produktentwicklung • Lastenheft • Festlegung von F&E-Aufgaben • Prototypenentwicklung	Bewertung und Wirtschaftlichkeitsanalyse sowie Produkttests (Qualität, Grad der Kundenbefriedigung, Markennamen usw.)

(Strategische) Markttests und Markteinführung	
Festlegung des Marketing-Mix (-Instrumentariums)	Markttests und Markteinführung

1) **Ausführungen beziehen sich auf die Suchphase = schattierte Fläche**

Abb. 6.1 Ablauf der langfristigen Neuproduktplanung

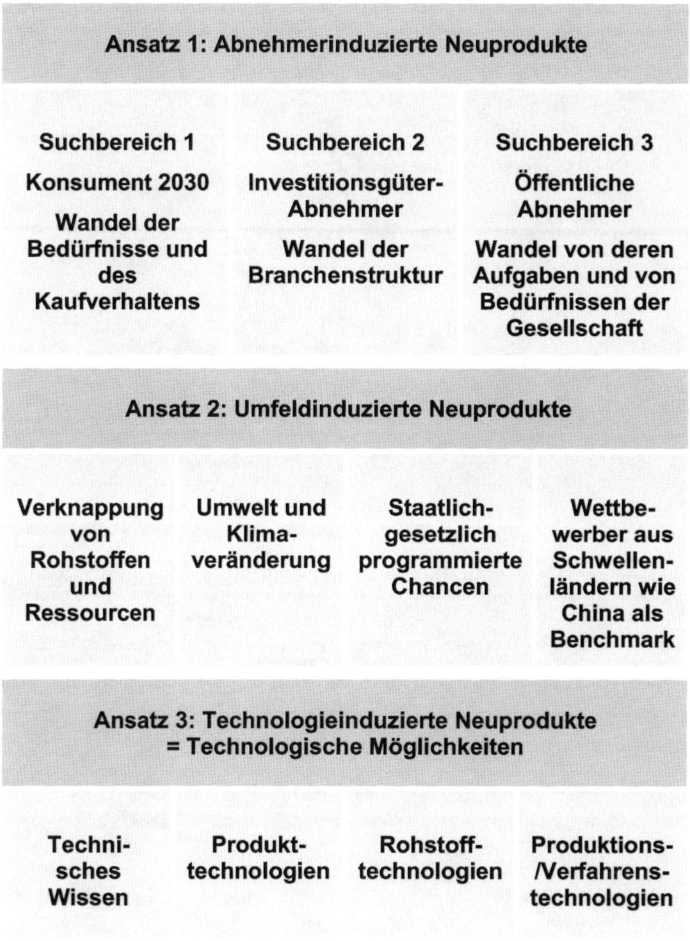

Abb. 6.2 Ansätze und Suchbereiche für die Neuproduktsuche

weise auf die Suche nach weltweiten Neuprodukten. Die Vorgehensweise basiert auf dem Tatbestand, dass sich langfristige Entwicklungen in ihrer Tendenz (relativ) eindeutig prognostizieren lassen!

- Im **ersten Schritt** erfolgt, wie dort ausgeführt, die Eingrenzung und Strukturierung der Aufgabenstellung = **aktuelle Aufgabenstellung.**
- Im **zweiten Schritt** erfolgt die **Zerlegung der Gesamtaufgabe in Teilaufgaben. Diesen** Aufgaben **ordnet man geeignete Analysetypen** mit ausgewählten Kriterien bzw. Indikatoren **zu.** Zur Lösung der jeweiligen Teilaufgaben ist deren Prognose erforderlich, um die gewollten Analyseergebnisse zu erzielen.

- Aus der Festlegung der Art der Analyseverfahren mit deren Indikatoren ergibt sich im **dritten Schritt** der bedeutendste Teil des **Informationsbedarfs** (siehe Teil III)

6.6 Ansatz 1: „Abnehmer 2025–2030"

Die Vorausschau bezieht sich auf die anvisierten potenziellen Abnehmer. Als potenzielle Abnehmer kommen bekanntlich die folgenden Gruppen in Betracht:

- Konsumenten als Abnehmer
- Industrielle Abnehmer
- Öffentliche Institutionen als Abnehmer

6.6.1 Konsumenten im Wandel – Märkte der Zukunft

Von diesen Gruppen entwickeln allein die Konsumenten im Wandel originäre neuartige Anforderungen an Produkte und Dienstleistungen. Die Nachfrage der industriellen und öffentlichen Abnehmer leitet sich aus den Entwicklungen der neuartigen Bedürfnisse der Konsumenten bzw. ihres Verhaltens ab. Entsprechend gliedern sich die folgenden Ausführungen zu dieser Thematik in

- eine langfristige Bedürfnisanalyse = Bedürfnisvorausschau und
- die Analyse bzw. Vorausschau von Abnehmermerkmalen, die das langfristige Konsumentenverhalten (mit-)bestimmen.

Langfristige Bedürfnisanalyse bzw. -vorausschau Die zentrale Frage bzw. Aufgabenstellung der Vorausschau lautet: Wie lässt sich der Wandel der Bedürfnisse bis zum gesetzten Zeitpunkt in der Zukunft der Planungsperiode prognostizieren?

Vom Mega-Trend zum Wandel abgeleiteter Bedürfnisse Zum Verständnis des Prozesses, der den Wandel abgeleiteter Bedürfnisse über langfristige Zeiträume erklärt, eignet sich der Wirkungsketten-Ansatz. Der Einsatz der Analyse sogenannter Ursache-Wirkungsbeziehungen basiert im vorliegenden Falle darauf, dass man die einzelnen Größen, die auf den Wandel der Bedürfnisse einwirken, systematisch zusammenstellt: Also die Faktoren 1, 2, … *n* wirken im Sinne von Wenn-Dann-Aussagen auf die übergeordnete Größe ein. Diese Vorgehensweise zeigt die nachstehende Abbildung:

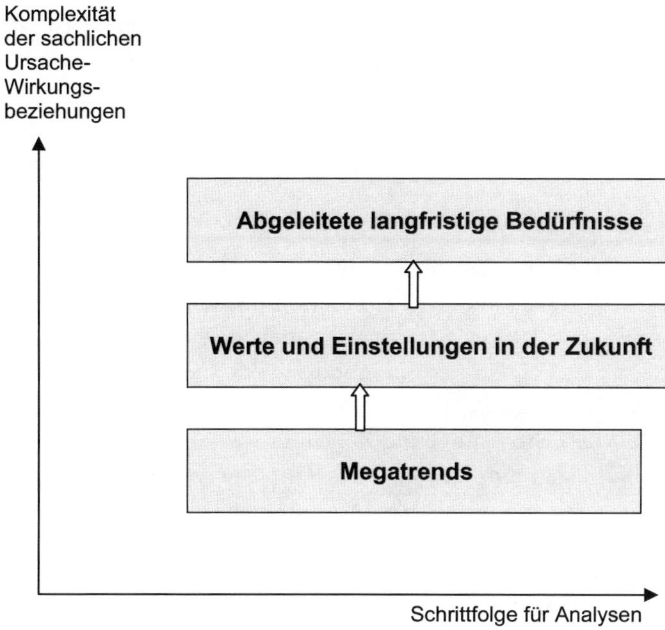

In einem Ursache-Wirkungs-Diagramm verzichtet man darauf, sämtliche denkbaren Einflussgrößen aufzulisten. Vielmehr beschränkt man sich auf die wesentlichen und sich direkt beeinflussenden Verbindungen. Die dargestellten Beziehungen werden dabei – dieses gilt es, sich einzugestehen – nicht bewiesen, sondern in einen plausiblen Zusammenhang gebracht, der über Visualisierung gut kommunizierbar ist. Die folgenden Erläuterungen erklären die oben beschriebene Vorgehensweise.

Werte, Einstellungen und Bedürfnisse

Bedürfnisse und Einstellungen lassen sich als Konkretisierungen bereichsspezifischer Werte auffassen.

- **Werte** definiert man als grundlegende Konzeptionen des Wünschenswerten. Sie übernehmen die Funktion von Orientierungsstandards und kanalisieren das Verhalten in bestimmte Richtungen.

- **Einstellungen** lassen sich als Ausdruck zentraler Wertvorstellungen verstehen. Wenn es gelingt, Änderungen der Einstellungen bei Konsumenten z. B. mittels Befragungen zu prognostizieren, ist es realistisch, Produkte für die Zukunft bedürfnisgerecht zu gestalten.

Die wesentlichste Möglichkeit der Vorausschau von Einstellungen basiert auf einer Prognose der Entwicklung zentraler Wertvorstellungen.

Eine allgemein anerkannte Forschungsrichtung unterstellt eine hierarchische Ordnung in einem **Werte-Einstellungssystem** (Silberer 1983, in: Raffée und Wiedmann 1985). Geht man von den Grundwerten mit ihrem hohen Abstraktionsgrad aus, so konkretisieren sich diese auf einer nachgelagerten Ebene zu Bereichswerten (u. a. im Bereich des Konsums) und gehen in einem weiteren Schritt in das breit gefächerte Einstellungssystem über.

Megatrends und Wertewandel

Werte und Wertewandel unterliegen direkt dem Einfluss von Megatrends. Trends stellen das Resultat komplexer sozio-ökonomischer Prozesse dar. Sie setzen Wertewandlungsprozesse in Gang und führen z. B. dazu, dass im Konsum neue Prioritäten gesetzt werden.

„Werte unterliegen damit einem stetigen Wandel durch Trends und andere gesellschaftliche Veränderungsprozesse" (Horx et al. 2007). „Aus dem Wandel der Werte lässt sich auch viel über den Wandel von Lebensstilen und Konsumbedürfnissen ablesen. Es geht um die Frage, wie Trends und Megatrends bis tief in das Wertebewusstsein hineingreifen und wie sie bestimmte Werte sowie das Konsumverhalten umgestalten."

Indikatoren zur Vorausschau von Bedürfnissen

Als Grundlage für die Vorausschau sind Indikatoren auszuwählen, die den Wandel von Bedürfnissen und des Kaufverhaltens möglichst frühzeitig ankündigen (= Suche nach sogenannten vorauseilenden Indikatoren). Aufgrund der aufgezeigten Ursache-Wirkungszusammenhänge sind

- zum einen Wandelungstendenzen bei der Ausrichtung von Werten zu prognostizieren, d. h. der **Wertewandel**, und es sind
- zum anderen **Megatrends** zu identifizieren.

Indikatoren zum Wertewandel

Bei der Analyse des sogenannten Wertewandels geht es einmal um das Erscheinen neuer Werte und zum anderen um Veränderungen innerhalb des Wertesystems, d. h. es geht um eine Verschiebung einzelner Werte nach ihrer Bedeutung auf einer Skala. Ferner geht es um die Suche nach auslösenden Impulsen für Veränderungen im Wertesystem sowie um deren Verbreitung durch Kommunikationsmedien.

Bei Veränderungen individueller Wertesysteme ist nach deren zeitlicher Wirksamkeit in kurz-, mittel- und langfristige Umwertungen ebenso zu unterscheiden wie nach dem Grad des Wandels in tiefgreifende und oberflächliche Wandungen (= unterschiedliche Intensitätsgrade des Wandels).

Werte als schwache Signale

Die Erfassung von Werten und deren Wandel im Zeitablauf beinhaltet die Suche nach schwachen Signalen, die ihrerseits mögliche Veränderungen von Bedürfnissen und des Kaufverhaltens frühzeitig ankündigen = vorauseilende Indikatoren.

Man darf jedoch das von einer Person proklamierte Wertesystem, d. h. das verbal geäußerte Wertesystem, und das tatsächlich verhaltensbestimmende Wertesystem nicht gleichsetzen oder positiv ausgedrückt: Man muss zwischen beiden unterscheiden. Diese Tatsache bedeutet, dass man z. B. in mündlichen Befragungen geäußerte Wertorientierungen im Hinblick auf ihre Verhaltensrelevanz nur sehr vorsichtig interpretieren darf. Artikuliert ein Individuum z. B. ein hohes Maß an Ökologiebewusstsein, so ist es für diesen Aspekt sensibilisiert und damit zu einem entsprechenden Verhalten einfacher zu motivieren als eine Person, die der natürlichen Umwelt keine oder nur eine geringe Bedeutung beimisst. Diese Tatsachen sprechen dafür, dass es sich bei Werten und deren Wandlungen um wichtige schwache Signale handelt, die Veränderungen des Verhaltens frühzeitig ankündigen. Damit liegt ein sogenannter vorauseilender Indikator für einen Wandel der Bedürfnisse vor.

Methoden zur Prognose des Wertewandels

Die Aufgabe besteht darin, künftige Entwicklungspfade des Wertewandels zu prognostizieren. Zu diesem Zweck lassen sich schwerpunktmäßig die folgenden Methoden (Raffee und Wiedmann 1985, S. 552 ff.) einsetzen:

1. Einfache Extrapolation: Voraussetzung für den Einsatz dieses Verfahrens ist der Aufbau einer Werte-Datenbank. Sie lässt sich durch die Auswertung von Studien zum Wertewandel erstellen. Ihr Ergebnis ist ein sogenanntes Wertemosaik, das die in entsprechenden Studien registrierten Entwicklungstendenzen beinhaltet.
2. Prognoseverfahren, die sogenannte Ursache-Wirkungsbeziehungen mit einbeziehen. Die Voraussetzung für diese Vorgehensweise ist die Erweiterung der Wertedatenbank um eine Hypothesenbank, in die man wahrscheinliche bzw. mögliche Ursachen des Wertewandels einstellt.
3. Einsatz weiterer Prognosetechniken wie prognoseorientiertes Brainwriting, Expertenbefragungen und das Delphi-Verfahren sowie die Szenario-Technik.

Die Ausformulierung einer Prognose erfolgt durch den Einsatz eines breiten Instrumentariums wissenschaftlicher Konzepte wie multivariante Analysetechniken zur Erfassung von Wertemustern und Wertehierarchien. Das Ergebnis sind entsprechende Studien mit einer Erfassung des Wertewandels. Im Zentrum stehen die Suche nach allgemeinen Gesetzmäßigkeiten des Wandels sowie die Erforschung von Werten und Wertwandlungstendenzen.

Als Kritik am Einsatz mündlicher Befragungen zu Wertorientierungen ist anzumerken: Es bestehen berechtigte Zweifel an der Verhaltensrelevanz proklamierter Werthaltungen. Auch diese Kritik behandelt die Spezialliteratur.

Informationsbedarf und Informationsquellen:
Informationsquellen sind:

- Wissenschaftliche Publikationen
- Kommissionsberichte
- Untersuchungen von Marktforschungsinstituten
- Studien von Zeitschriftenverlagen u. a.

Wertewandel und Neuprodukte

▸ **Hinweis** Produkte der Zukunft müssen mit den durch den Wertewandel forcierten Erwartungen und Anforderungen kompatibel sein. Produkte, die diesem Wertewandel entsprechen, weisen folglich ein hohes Maß an Marktchancen auf.

Megatrends als Indikatoren
Trends definiert man als langfristige Einflusskräfte, die auf Systeme (Unternehmen, Gesellschaften, Individuen) einwirken. Ihre Kenntnis ist die Voraussetzung bewusster Veränderungsprozesse.

▸ **These** Es geht darum, langfristig wirksame Trends zu identifizieren, auf deren Wogen innovative Produkte zum Markterfolg surfen. Dabei geht es um jene Einflusskräfte, die hinter dem Produkt stehen und seinen Erfolg antreiben.

Als Trends definiert man also Veränderungsprozesse. Folglich hat man sie nach ihrer Relevanz, nach ihrer Länge und nach ihrer Intensität wie folgt zu untergliedern:

1. **Metatrends** sind großräumig und universell: Evolutionäre Gesetze mit Ewigkeitscharakter und damit Grundregeln der Entwicklung der Natur.
2. **Megatrends** sind großflächige Veränderungen, deren Dimensionen von Gesellschaft bis Zivilisation, von Technologie bis zu ökonomischen Grundzyklen reichen.
3. **Sozio-kulturelle Trends** beinhalten Lebensgefühle und Sehnsüchte, drücken häufig Defizite aus, „die in der gesellschaftlichen Entwicklung zum Vorschein kommen". Beispiele sind „Simplify" und „Slowness"-Trends = Sehnsucht nach einem vereinfachten bzw. entschleunigten Lebensstil.
4. **Konsumtrends:** Sie beziehen sich auf gesellschaftlichen Wandel in Bezug auf Produkte. Zu ihnen zählen auch Moden.

Merkmale von Megatrends
Also: Megatrends bilden die erste und wichtigste Stufe des gesellschaftlichen Wandels (ebenda, S. 32 ff.). Sie lenken die Richtung des kulturellen Wandels. Als deren zentrale Charakteristika lassen sich aufzählen:

- Megatrends prägen eine Epoche mit ihrer Dauer von 30 bis 50 Jahren.
- Megatrends sind ubiquitär, das heißt, sie haben Auswirkungen auf alle Lebensbereiche.
- Megatrends sind global, das heißt, sie sind überall zu spüren, allerdings mit unterschiedlicher Stärke.
- Megatrends vertragen auch vorübergehende Rückschläge.

Megatrends haben folglich große und langfristige Auswirkungen. Ist ein Trend ggf. schon mehrere Jahre alt und zeigt er erst in den kommenden 10 Jahren seine größten Auswirkungen, dann sind diese in die Langfristplanung zu integrieren. Dies gilt auch für die Neuausrichtung von Unternehmen, das heißt für die Entwicklung von Neuprodukten und für die Erschließung von Zukunftsmärkten im Ausland.

▸ **Tipp** Beachten Sie insbesondere die Wirkung von bereits allbekannten Trends. Es geht nicht um deren Alter, sondern um das Ausmaß ihrer Auswirkungen.

Methoden zur Identifizierung von Megatrends

Wie erkennt man einen Megatrend? Zur Bereitstellung der erforderlichen Informationen setzt die Trend- und Zukunftsforschung die folgenden Methoden ein:

1. Abtasten bzw. Scanning des Umfeldes: Die Aufgabe dieses Verfahrens besteht darin, die Gesamtheit des Umfeldes nach sogenannten schwachen Signalen abzutasten. Diese kündigen als Vorboten sogenannte Megatrends an. Es handelt sich z. B. um häufig sich wiederholende Themen in Zeitungen, Magazinen, im Fernsehen und Internet sowie in Studien und Expertenberichten. Beim Scanning sind sowohl nationale als auch internationale Quellen einzubeziehen. Außerdem muss man die Informationsfelder breit anlegen, also Informationen aus Wirtschaft, Politik und Kultur sowie Technologie berücksichtigen.
2. Wild-Cards-Technologie: Es geht um das Aufspüren von Trendbrüchen. Man erfasst auf Karten sogenannte unerwartete Ereignisse und simuliert die Reaktion von Unternehmen.
3. Beobachten – Trendscouting: Hierbei handelt es sich um das Beobachten vor Ort als weiteren Erkenntnisbaustein: Es geht darum, bei Reisen Impulse vor Ort aufzunehmen, zu beobachten und vor Ort zu analysieren. Man muss sich dorthin begeben, wo sich die eigenen Lead-User befinden.
4. Delphi-Panel: Man stellt einem ausgewählten Expertenteam bestimmte Fragen. Der Vorteil dieses Verfahrens besteht im Zusammenschalten von geballtem Expertenwissen. Der Nachteil liegt im Tunnelungseffekt durch Experten.

Die Identifizierung von Megatrends erfolgt mit Hilfe der sogenannten Kontextanalyse. Deren Aufgabe besteht darin, Informationen aus vielen unterschiedlichen Bereichen in einen Kontext zu bringen. Es gilt, aus losen Versatzstücken der Wirklichkeit Muster von Veränderungen herauszuschälen.

Auswahl relevanter Megatrends

Die Auswahl der für das eigene Unternehmen für die Neuproduktfindung relevanten Megatrends vollzieht sich in einer Abfolge von Schritten wie folgt:

1. Schritt: Auf welche Megatrends mit ihren Veränderungen sollte man sich konzentrieren? Um diese Frage zu beantworten, setzen Sie die identifizierten Trends zum eigenen Unternehmen und zu seinem Markt in Bezug.
2. Schritt: Chancen und Risiken abschätzen! Die Vorgehensweise erfolgt wieder separat für jeden identifizierten Megatrend.
3. Schritt: Auswirkungen auf die Unternehmenssituation prüfen! Es ist die Frage zu stellen: Welche Auswirkungen hat der jeweilige Trend auf eigene Unternehmensbereiche wie F&E, Marketing und Vertrieb – und insbes. auf die Neuproduktfindung und -planung!
4. Schritt: Als Ergebnis wählen Sie die Top-5-Mega-Trends aus. Damit konzentrieren Sie sich bei der Suche nach Neuprodukten auf die wichtigsten Megatrends und beginnen mit demjenigen der höchsten Priorität.

▸ **Tipp** Trends stellen Anforderungen an Neuprodukte dar! Die ausgewählten Megatrends definieren im besten Falle die Anforderungen an Neuprodukte.

▸ **Tipp** Eine Auswahl von 10 solcher Megatrends finden Sie bei Horx, et al. (2007).

▸ **Hinweis** Zum Abschluss der Vorausschau von „Bedürfnissen im Wandel" erfolgt eine zusammenfassende Betrachtung sämtlicher Einflussfaktoren, die die Bedürfnisse und deren Wandel betreffen. Insbesondere ist eine Verbindung zwischen den identifizierten Megatrends, dem Wertewandel und den Einstellungen der Konsumenten herzustellen.

▸ **Praxisfall** Innovationen im Vertrieb, abgeleitet aus Top-3-Mega-trends, am Beispiel eines Getränkeherstellers:

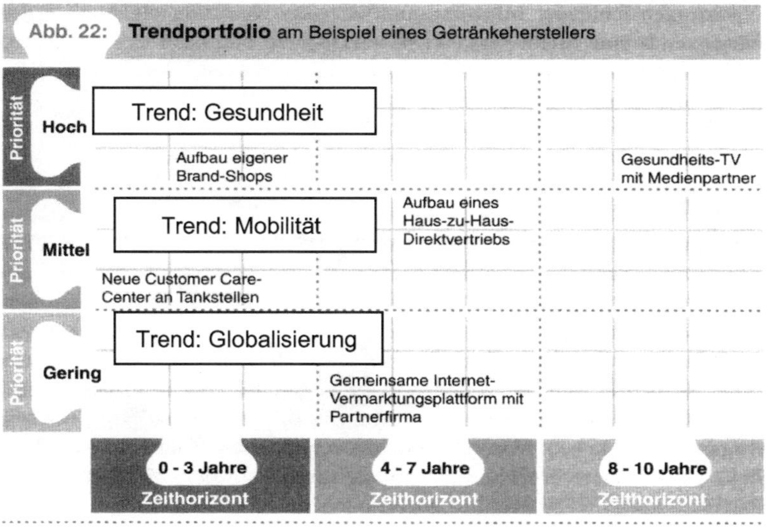

Quelle: Horx, ebenda, S. 81

Konsumentenverhalten 2030 ff.

Das Konsumentenverhalten in der Zukunft definiert man als Vorausschau aller beobachtbaren Handlungen von Individuen, die mit dem Kauf oder Konsum wirtschaftlicher Güter zusammenhängen werden.

Der Prozess, wie sich Bedürfnisse in Wünsche umsetzen und zu einer Kaufentscheidung führen, ist nach wie vor durch die Wirtschaftswissenschaften weiter aufzuklären. Es existieren sowohl praktisch operationale Typologien menschlichen Verhaltens als auch Modelle zur Erklärung des Konsumentenverhaltens (siehe unter anderem Homburg und Krohmer 2003, S. 23 ff.). Alle diese Ansätze beziehen sich jedoch auf das Konsumentenverhalten kurzfristiger Art, das heißt, sie erklären z. B. die Markenwahl bei gegenwärtig im Angebot befindlichen Produkten. Diese Ansätze enthalten hingegen keine Erklärung für die Veränderung des Konsumentenverhaltens auf langfristige Zeitintervalle von 5, 10 und 15 Jahren in die Zukunft.

Indikatoren zum Konsumentenverhalten

Ansatzpunkte für ein Erklärungsmodell für die langfristigen Veränderungen des Verhaltens von Konsumenten liefern folglich nur Analysen wesentlicher Größen, die einen nachweisbar starken Einfluss auf dieses Verhalten ausüben. Abbildung 6.3 fasst solche Größen bzw. Treiber des Verhaltens zusammen.

Eine Auflistung von Abnehmermerkmalen und entsprechenden Indikatoren zur Abgrenzung von Abnehmergruppen und deren Verhalten finden Sie im Kap. 4, Abb. 4.5.

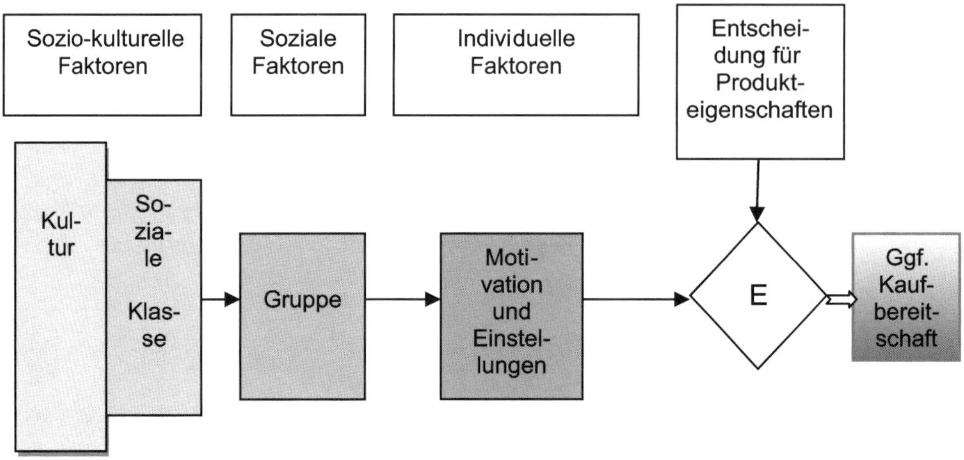

Abb. 6.3 Indikatoren zur Vorausschau des langfristigen Käuferverhaltens

Folgerungen für das Produktionsprogramm

Die folgende Abbildung zeigt, wie man aus der Vorausschau der Komponenten des Konsumentenverhaltens Folgerungen im Hinblick auf das Produktionsprogramm der Zukunft ableitet.

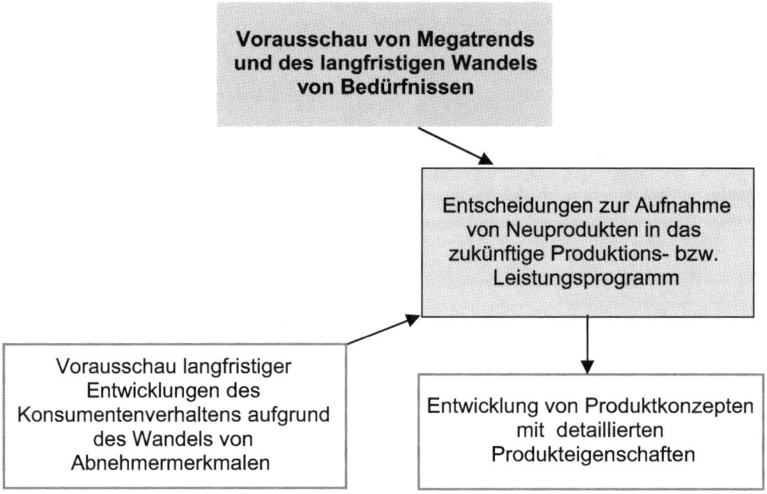

6.6.2 Industrielle Abnehmer im Umbruch

Die Aufgabenstellung der Suche nach neuen Marktchancen im P-Markt (Walldorf 1986) wird mit der Vorausschau des Wandels der Nachfrage bei den Endabnehmern bzw. Endverbrauchern (s. o.) beginnen. Als Kriterien zur Charakterisierung der Unternehmen dieses Sektors eignen sich u. a. deren Branchenzugehörigkeit und deren Tätigkeitsfelder.

Neue Marktchancen entlang der Nachfrageverkettung

Die Nachfrage nach Investitionsgütern, Werkstoffen und Rohstoffen bezeichnet man als abgeleitete Nachfrage. Dieser Prozess beginnt mit den Bedürfnissen des Konsumenten und reicht bis zu den Rohstoffen. Die industrielle Verkettung bildet die Gesamtheit der Stadien des Verarbeitungsprozesses ab.

Die gesamte Wirtschaft besteht folglich aus einer Hierarchie von Wirtschaftszweigen, die jeweils füreinander den Status eines Abnehmers oder eines Lieferanten haben.

▶ **Tipp** Es empfiehlt sich, eine Struktur der Verkettung des Nachfrageprozesses für innovative Produkte nachzuzeichnen und die mögliche eigene Position innerhalb der Verkettung zu bestimmen!

Indikatoren zur Vorausschau von Marktchancen im P-Markt

Der erwartete spezifische Wandel bzw. Umbruch der Branchenstruktur lässt sich ggf. anhand von Strukturstücklisten und eines Strukturbaums prognostizieren. **Strukturstücklisten** sind Verzeichnisse in Tabellenform mit Auflistungen, aus welchen Rohmaterialien, Einzelteilen bzw. Einsatzstoffen und ggf. Bauteilen mit Angaben zu den geschätzten Mengen sich die jeweiligen Neuprodukte zusammensetzen (werden).

Gleichzeitig lässt sich eine Untergliederung nach Fertigungsstufen in Form eines **Strukturbaums** nachvollziehen. Damit kann man ergänzend voraussagen, auf welcher Art von Produktionsanlagen die Herstellung dieser Produkte erfolgen wird. Es handelt sich um Informationen über die unterschiedlichen Stufen, die das anvisierte Produkt im Herstellungsprozess durchlaufen wird (Reichwald und Dietel 1991, S. 492 ff.).

Abbildung 6.4 beinhaltet weiterführende Fragestellungen für eine Suche nach innovativen Produkten auf dem P-Markt (Aurich und Schröder 1972).

Suchbereich 2 mit seinen Suchfeldern im Überblick

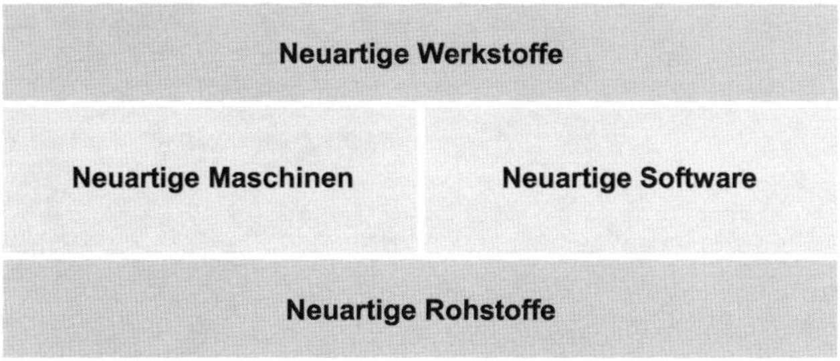

Abb. 6.4 Fragen für Suche nach innovativen Produkten auf dem P-Markt

1) Beschaffung von Rohstoffen, Vormaterialen u. Ä.

- ✓ Welche Rohstoffe, Vormaterialien und Halbfabrikate müssen zur Herstellung ausgewählter innovativer Produkte zum erforderlichen Zeitpunkt verfügbar sein?
- ✓ Sind Verknappungen der Rohstoffversorgung und dadurch verursachte Preisbewegungen zu erwarten?
- ✓ Ist die Produktion der Vormaterialien ihrerseits von Importen von Roh- oder neuen Werkstoffen abhängig?
- ✓ Zeichnen sich aufgrund neuer technologischer Möglichkeiten Substitutionsprozesse bei den verschiedenen Rohstoffen, Vormaterialien u. Ä. ab?
- ✓ Ihre Ergänzungen:

2) Auswahl potenzieller Kooperationspartner

- ✓ Welche potenziellen Hersteller bzw. Kooperationspartner stehen für die Lieferung wesentlicher Beschaffungsgüter für die wichtigsten Materialgruppen langfristig zur Verfügung?
- ✓ Wird der Markt zu seltenen Vormaterialien auch in Zukunft zugänglich bleiben?
- ✓ Über den Erwerb welcher Patente oder welchen technischen Know-hows kann das eigene Unternehmen in den Markt der Vormaterialien als Neuling eindringen?
- ✓ Ihre Ergänzungen:

3) Bereitstellung von Maschinen und Anlagen

- ✓ Kann die Bereitstellung von Maschinen und Aggregaten, die für die Herstellung geplanter innovativer Produkte erforderlich sind, gesichert werden?
- ✓ Lassen sich technologisch geeignete Fertigungsverfahren termingerecht bereitstellen?
- ✓ Ist die termingerechte Errichtung von Gebäuden mit der Schaffung baulicher Voraussetzungen z. B. für den Einsatz voll automatisierter Fertigungsstraßen unter neuartigen klimatischen Bedingungen möglich?
- ✓ Sind Kleingeräte aus den Bereichen der Messtechnik, Feinoptik und für die Erfüllung von Aufgaben aus dem Bereich der Nanotechnologie fristgerecht verfügbar?
- ✓ Ihre Ergänzungen:

4) Potenzielle Lieferanten des Maschinenparks

- ✓ Sind die bisherigen Lieferanten auch die innovativsten und fähigsten für die Maschinen und Anlagen zur Herstellung der innovativen Produkte in der Zukunft?
- ✓ Besteht die Möglichkeit, eine Neuentwicklung besonders leistungsfähiger Maschinen ggf. im Forschungs- und Entwicklungsverbund zu realisieren?
- ✓ Ggf. stellt sich die Frage nach Fremdbezug oder Eigenfertigung. Lässt sich durch die eigenständige Entwicklung bestimmter Maschinen oder Geräte ein hohes Maß an Wettbewerbsvorteilen realisieren? **Anmerkung:** So wird sich der ein oder andere erinnern, wie sich aus den Anfängen der Eigenproduktion von Maschinen durch Diversifikation ein bekanntes Unternehmen des Maschinenbaus entwickelt hat.
- ✓ Könnte damit ein zeitlicher und technologischer Wettbewerbsvorsprung als der entscheidende Wettbewerbsvorteil entstehen? („First-to-the-Market" bei gleichartiger Errichtung einer technologischen Zugangsbarriere für das neu entstehende Marktfeld.)

5) Ihre Ergänzungen:

6.6.3 Öffentliche Institutionen als Abnehmer: Marktchancen nach Krisen

Nachfrager auf dem Ö-Markt

Unter dem Begriff der „öffentlichen Institutionen als Abnehmer“ subsumiert man staatliche Zentral-, Regional- bzw. Landes- und Kommunalregierungen sowie Behörden und sogenannte staatliche Agenturen sowie sonstige öffentliche und private Institutionen mit Non-Profit-Orientierung wie Verbände und Förderinstitutionen unterschiedlichster Art. Sie alle treten auf dem sogenannten Ö-Markt als Nachfrager von Marktleistungen auf (Walldorf 1987).

Das Wirtschaften der öffentlichen Institutionen ist ihrem Wesen nach „zentrale Planwirtschaft“: Deren Einnahmen und Ausgaben basieren auf einem festen, in Zahlen gefassten Programm bzw. Plan. Dessen Einhaltung stellt laut Gesetz eine Verpflichtung für die entsprechenden Verwaltungen dar. Im jeweiligen Haushaltsplan schlägt sich das gesamtpolitische Programm des Zentralstaates und das der übrigen staatlichen bzw. semistaatlichen Institutionen nieder.

Chancen für komplett innovative Produkte

Die Aufgabenstellung im Suchbereich der „öffentlichen Institutionen“ besteht darin, als potenzieller Lieferant in Kooperation mit den jeweiligen „Kunden“ komplett innovative Produkte für die Zukunft aufzufinden. Besondere Marktchancen lassen sich mit dem Ende der Verschuldenskrise erwarten.

Aufgabenstellungen	Analysen und deren Indikatoren
Geeignete Bereiche für Lieferanten innovativer Produkte identifizieren!	Analyse staatlicher Ausgaben Indikatoren: Ausgaben untergliedert nach marktrelevanten Ausgabearten = Auswertung des Gruppierungsplans 1) Analyse staatlicher Aufgaben Indikatoren: Ausgaben untergliedert nach Aufgabenbereichen bzw. unter funktionalen Gesichtspunkten = Auswertung des sog. Funktionenplans 2)

Analyse nach Ausgabearten

Der sogenannte Gruppierungsplan 1) untergliedert die Ausgaben nach Ziffern, deren erste drei Stellen als sogenannte Gruppe bei Bund und Ländern identisch sind. Die erste Ziffer betrifft sogenannte Hauptgruppen von Ausgabearten, die zweite Ziffer beinhaltet sogenannte Obergruppen, d. h. Ausgaben mit gleichem ökonomischen Gehalt. Die dritte Ziffer untergliedert Ausgabearten nach detailliertem Ausgabenzweck (Details, www.verwaltungsvorschriften-im-Internet.de).

Bei den sogenannten marktrelevanten Ausgabearten handelt es sich schwerpunktmäßig um die folgenden:

- Hauptgruppe 5: Sachliche Verwaltungskosten, insbes. Obergruppe 55: Militärische Anlagen und militärische Beschaffungen.
- Hauptgruppe 7: Baumaßnahmen.
- Hauptgruppe 8: Sonstige Ausgaben, insbes. Investitionen und Investitionsfördermaßnahmen.

Analyse nach Aufgabenbereichen

Der Funktionsplan 2) untergliedert die Aufgaben nach sogenannten funktionalen Aspekten, also z. B. nach Ausgaben für das Verkehrs- oder Nachrichtenwesen, für das Bildungswesen, für Wissenschaft und Forschung. Der Funktionenplan schlüsselt die Aufgaben nach Aufgabenbereichen ebenfalls in einer dreistelligen Ziffer auf: Die Hauptfunktion erhält eine einstellige Ziffer, der Oberfunktion ist eine zweistellige Ziffer zugeordnet und die Funktion erhält als Gliederung eine dreistellige Zahl. Die Analyse bezieht sich schwerpunktmäßig auf die Funktionen „sachliche Verwaltungsaufgaben" (Oberziffer 51–54) und „Ausgaben für Investitionen" (u. a. für „Verwaltungsgebäude" aus den Hauptgruppen 7 und 8). Ein Muster einer solchen Analyse mit wichtigen Anhaltspunkten für die Entwicklung innovativer Produkte finden Sie unter www.bundesfinanzministerium.de: Finanzplan des Bundes 2007–2011.

Übertragung staatlicher Aufgaben auf Behörden

Staatliche Ministerien übertragen eine Vielzahl ihrer Aufgaben auf unterschiedlichste Formen von Behörden, Ämtern, Agenturen u. Ä. Sie fungieren in Rechtsformen von Anstalten des öffentlichen Rechts über gemeinnützige Gesellschaften bis zur privatwirtschaftlich geführten GmbH. Diese Institutionen verwalten in Eigenverantwortung die ihnen zugewiesenen Einnahmen für die zweckgerichteten Ausgaben. Abbildung 6.5 enthält eine beispielhafte Auflistung solcher Institutionen, die als Innovationstreiber wirken. Abbildung 6.6 zeigt einen Praxisfall.

Innovationen auf Basis von Zukunftsbildern planbar?

Wie bereits erwähnt: Es handelt sich bei der Gestaltung staatlicher Aufgaben um eine Form der zentralen Planwirtschaft, eingebettet in die Wirtschaftsordnung einer Form der freien

Staatliche Institutionen als Innovationstreiber	... und ihre Aufgaben – zur Förderung bzw. zum Absatz innovativer Produkte
DLR e. V., Deutsches Zentrum für Luft- und Raumfahrt e. V., Köln	Zuständig im Auftrag der Bundesregierung für Planung und Umsetzung der deutschen Raumfahrtsaktivitäten und Projektträger zur Förderung neuartiger Technologien (u. a. BMBF und BMWi) **1)** Auflistung der F&E-Entwicklungsbereiche s. u. a. DLR.de und Wikipedia.org
Fraunhofer-Gesellschaft zur Förderung der angewandten Forschung e. V., München	Zuständig für anwendungsbezogene Forschung bei Anwendung wissenschaftlicher Erkenntnisse für innovative Produkte; Forschungsbereiche wie Energie und Wohnen sowie Verkehr und Mobilität Etat: 40 % der Aufwendungen staatlich, davon Bund (90%) und Länder (10 %), 60 % Aufträge aus Industrie und aus öffentlich finanzierten Forschungsprojekten
Und eine Landesbehörde:	
Landesbetrieb für Küstenschutz, Nationalpark und Meeresschutz, Schleswig-Holstein, Rechtsform: Landesamt, nachgeordnet dem Ministerium für Landwirtschaft, Umwelt und ländliche Räume, Schleswig-Holstein	Zuständig für insbes. Sturmschutz, Verhinderung von Sandabbrüchen u. a. Neue Technologien wie aufstellbare Klappdeiche, Schlauch- und Klebedeiche u. a. (siehe unten)

Abb. 6.5 Staatliche Institutionen als Innovationstreiber.
1) **Beispiel für Aufgabe als Technologietreiber:** Förderung mobiler Assistenz-Roboter, zweiarmig, Leichtbau-Arme, breite Anwendung z. B. als Assistenz-Robotik in der Chirurgie der Zukunft und als zweiarmiger Produktionsassistent in der Getriebe-Montage. Fernziel: Entwicklung mobiler, ggf. im Erdorbit frei fliegender oder auf Planetenoberflächen laufender bzw. fahrender Robonautik (Media-Planet, Nr. 1/Mai 2010)

Marktwirtschaft. Damit ist in diesem Sektor prinzipiell eine langfristige Planung der Entwicklung und Markteinführung innovativer Produkte und Prozesse möglich.

Damit ist/wäre eine langfristige Planung auf der Grundlage zweckgerecht ausgestalteter Zukunftsbilder (s. u. Teil III) zu unterschiedlichsten Themenbereichen der Nachfrage öffentlicher Abnehmer realisierbar. Beispiele für solche Zukunftsbilder sind:

- Soldaten von morgen, www.stern.de – Vorausschau auf 20 bis 25 Jahre
- Computer, Internet und Schulen in 20 Jahren, www.teachernews.net – Vorausschau

Neues Denken! **Als Erster am Markt: Alles anders machen!**	
Experte im Interview:	**Dipl.-Ing. Alfred Mordhorst** **Landesbetrieb für Küstenschutz, Betriebsleiter,Baubetrieb 1, Niebüll** 1)/2)
Herausforderung: Sturmschutz, Verhinderung von Überflutung und Sandabbrüchen	
Lösungen der Vergangenheit	**Neuartige Lösung für die Zukunft**
(1) Vierarmige Wellenbrecher aus Beton sog. **Tetrapoden** (verursachten zusätzliche Fortspülung von Sand) (2) **Beton-Deckwerk**: Schotter verklebt mit Beton (Auflösung des Betons in weniger als 10 Jahren)	**Deckwerk Verklammerung**, d. h. normaler **Eisenbahnschotter,** Mischung in Zwangsmischer **mit Standardkleber** (Elastocoast) = Steinchen mit Klebstoff verbunden, zur Herstellung eines natürlichen Strandprofils, an dem sich die Wellen brechen, sogar verlegbar aus Schüttkiste in Meereswasser Merkmale: effizienter, haltbarer und kostengünstiger als bisherige Lösungen

Abb. 6.6 Praxisfall: Küstenschutz an Nord- und Ostseeküste, unter anderem Insel Sylt.
1) Rechtsform: Landesamt als Landesoberbehörde, nachgeordnet Ministerium für Landwirtschaft u. a. Schl.-Hol;
2) Als erster Baubetrieb Hersteller dieser Mischung, entstanden nach einer Idee einer Kooperation zwischen LKN und Institut für Wasserbau, TH Hamburg, Hersteller und Vertrieb des Klebstoffs PU = Polyurethane, jetzt unter Markennamen Elastocoast BASF

Schule in 20 bis 25 Jahren und eine Messe dazu gab es auch: www.didacta-magazin.de

- Nachhaltige Gebäudetechnik 2020: Pictures of the Future, Siemens AG, www.Siemens.com/innovation

Schwache Signale des Wandels

Als vorauseilende Indikatoren für Chancen für innovative Produkte eignen sich schwache Signale aus Parteien, insbesondere derjenigen, die für eine Übernahme der Regierungsgewalt bis zu einem bestimmten Zeitpunkt in der Zukunft in Betracht kommen. Schwache

Staatliche Aufgabenbereiche	Neue Marktchancen
Öffentliche Sicherheit Verteidigung nach außen	- Übergang zur Berufsarmee mit weltweit schnell wechselnden Einsatzorten schafft Bedarf an einer Vielzahl neuer Waffensysteme - Outsourcing von Aufgaben bis zum Einsatz privater Armeeeinheiten (Söldnertruppen) und deren Ausrüstung mit adäquaten Waffensystemen
Erziehung, Schule, Ausbildung und Hochschulbildung sowie berufliche Weiterbildung	- Wegen des bekannten Leistungsstandards öffentlicher Kindergärten und Vorschulen haben sich Unternehmen mit Franchise-Konzepten gebildet und werden Teile des Leistungsangebots an die Eltern von Kindern des Mittelstands übernehmen - Die Weiterbildung im Bereich des „lebenslangen Lernens“ sowie die Sprachausbildung für Erwachsene und Trainingsprogramme für Manager haben weitestgehend Privatunternehmen übernommen
Öffentliche Verwaltung	- Private Dienstleister übernehmen eine Vielfalt der früher staatlichen Verwaltungsaufgaben, wie es die folgenden Beispiele zeigen: Fuhrparke, Heiraten, Stadtreinigung, Müllabfuhr, private Betriebsgesellschaften für Friedhöfe, Schlachthöfe, Krankenhäuser u. a.
Ihre Ergänzungen:	

Abb. 6.7 Neue Chancen auf dem Ö-Markt für Private

Signale, die es aufzufangen gilt, kommen auch aus den mit der Übernahme der staatlichen Aufgaben betrauten Behörden bzw. Verwaltungen.

Outsourcing: Neue Marktchancen im Ö-Markt

Der öffentliche Markt wird auch in naher Zukunft durch öffentliche Ausschreibungen und durch Verwaltungsvorschriften geprägt bleiben. Zusätzlich existieren spezifische Einkaufsgewohnheiten.

Weite Bereiche der Märkte der öffentlichen Institutionen wurden bereits für private Unternehmen geöffnet. Diese Entwicklung wird sich in der Zukunft wegen zunehmender Verknappung öffentlicher Mittel nach der Verschuldenskrise fortsetzen und eine Fülle von Marktchancen im Ö-Markt schaffen. Einige davon sind in Abb. 6.7 aufgelistet (s. u. a.: Hamish McRae 1994).

6.7 Ansatz 2: Umfeldinduzierte Neuprodukte

Auswahl relevanter Umfeldbereiche

Die Vorausschau der Umfeldgrößen zielt darauf ab, möglichst sämtliche wichtigen externen Faktoren zu erfassen, deren Entwicklung Chancen für neuartige Produkte erwarten lässt.

Welche derartigen Faktoren induzieren solche Produkte mit den größten Markt- und den höchsten Gewinnchancen? Die folgende Auswahl engt die Betrachtung auf die Vorausschau von vier Bereichen des Umfeldes ein:

- Verknappung von Rohstoffen,
- Entwicklungen der Umwelt,
- staatliche Gesetzgebung,
- neue Wettbewerber aus Niedriglohnländern wie China und Indien als Benchmark.

6.7.1 Substitute für K-Güter (= für knappe Rohstoffe)

Auswahl der Rohstoffe

Als Suchfelder in diesem Bereich sind allein die Rohstoffe im engeren Sinne zu definieren. Als solche gelten mineralische und nichtmineralische Grundstoffe, die aus natürlichen Quellen bzw. Bergbauaktivitäten stammen (s. o., Teil I).

Hohe Marktchancen für Neuprodukte als Substitute bzw. Ersatz für bisherige Rohstoffe setzen voraus, dass es sich um Rohstoffe mit einem hohen Knappheitsgrad und einem hohen Grad an Wichtigkeit für die Herstellung wesentlicher Produkte in den westlichen Industrieländern bzw. in einem einzelnen Industrieland handelt. Diese gilt es zu identifizieren.

Um die in die Analyse und Vorausschau einzubeziehenden Rohstoffe auszuwählen, werden Sie mit deren Auflistung beginnen. Sie können dabei die Gesamtheit von Rohstoffen auflisten, die in den Herstellungsprozess von Produkten z. B. im eigenen Land oder in den OECD-Ländern eingehen. Sodann sind diejenigen Rohstoffe zu identifizieren, deren Ersatz für einen potenziellen Anbieter am lukrativsten wäre. Sie zeichnen sich durch die Charakteristika „wichtig für die Fertigprodukte“ und „Einsatzgut mit einem hohen erwarteten Knappheitsgrad“ (sogenannte K-Güter) sowie mit einem hohen Preissteigerungspotenzial aus.

Die Vorausschau im Rohstoffsektor wird sich auf die oben genannten Rohstoffe eingrenzen. Rohstoffe mit hinreichender Verfügbarkeit auf die Dauer von 20 bis 25 Jahren in der Zukunft lassen sich aus der Analyse und Vorausschau aussondern.

Hinweis Auf diese Weise entsteht eine Hitliste knapper Rohstoffe für die Suche nach Ersatzstoffen.

Vorausschau der Rohstoffverknappung und Indikatoren

Als Indikatoren zur Ermittlung der allgemeinen Verknappung wichtiger Rohstoffe eignen sich die gleichen Größen, wie Sie diese zur Ermittlung der Situation der Verknappung derjenigen Rohstoffe eingesetzt haben, die Sie bei der Herstellung Ihrer eigenen Produkte verwendeten (siehe Teil I):

1. Weltweite Nachfrage-, Angebots- und Länderherkunftsbilanzen auf 20 bis 30 Jahre zurück und auf 20 bis 30 Jahre in die Zukunft
2. Bekannte Rohstoffvorkommen (nach Ländern und Mengen)
3. Besonders wichtig sind diejenigen Indikatoren, die die Reichweite der identifizierten Rohstoffvorkommen betreffen. Man unterscheidet zwischen statischer und dynamischer Reichweite.
4. Erwartete Entwicklung der Gestehungskosten
5. Erwartete Entwicklungen in der Transporttechnologie und deren Folgen für die Entwicklung der Transportkosten
6. Erwartete Entwicklung der jeweiligen Rohstoffpreise

> **Tipp** Es gilt nach den besonders profitablen Ersatzstoffen (Substitutionsstoffe) für besonders knappe und wichtige Rohstoffe zu suchen, für die hohe Preissteigerungen in der Zukunft zu erwarten sind.

Folgerungen

> **Hinweis** Eine Studie des RWI (Rheinisch-Westfälisches Institut für Wirtschaftsforschung), des ISI (Fraunhofer-Institut für System- und Innovationsforschung) und der BGR (Bundesanstalt für Geowissenschaften und Rohstoffe) beinhaltet Trends der Angebots- und Nachfragesituation bei mineralischen Rohstoffen. Die Studie identifiziert in Tab. 3.3, S. 38, die für Deutschland potenziell risikoreichen Importrohstoffe (Stand 2005), verfügbar als Download.

> **Hinweis** Die Schlussfolgerung lässt sich auch logisch umkehren: Es gilt, bei Herstellung neuartiger Produkte ohne die Verwendung der knappen und seltenen Rohstoffe auszukommen (Abb. 6.8)!

6.7.2 Klimawandel = Chancen für Innovationen

Vorausschau des Klimawandels und Indikatoren

Die Natur mit ihrer Biosphäre ist laut Definition ein globales Öko-System aus unbelebten Umweltelementen und aus lebenden Organismen. Auf Naturkatastrophen wie Erdbeben oder Meteoriteneinschläge hat die Menschheit keinen Einfluss.

Entwicklungen wie die globale Klimaveränderung, ob nun durch erdgeschichtliche Zyklen oder durch den Menschen (mit-)verursacht, werden zu einer der größten Herausforderungen bereits im 21. Jahrhundert werden (Micic 2006, S. 101 ff.).

Experte im Interview: 1)	**Dr. Holger Zinke** **Gesellschafter und Vorstandschef Brain AG, Zwingenberg**
Herausforderung: Ersatz von Erdöl als Rohstoff für Plastik	
Lösungen der Vergangenheit	**Neuartige Lösung für die Zukunft**
Herstellung von Kunststoffen (Plastik) aus Erdöl.	**Herstellung von Kunststoff (Bioplastik) aus Poly-Milchsäure,** z. B. für Produktion von Kugelschreibern: Herstellungsprozess aus Mikroben (Bakterien Azedianus ambivalens); sie produzieren unter Zugabe von Kohlendioxyd und Schwefelwasserstoff von einem bestimmten Zeitpunkt an Bernstein- und Milchsäure. Aus Poly-Milchsäure lässt sich dann Kunststoff gewinnen! Nebeneffekt: Verringerung des Ausstoßes an Treibhausgasen in einem Kraftwerk auf Braunkohlebasis.

1) Nach einem Interview von Thorsten Winter mit Dr. Holger Zinke, FAZ, 7. März 2011

Abb. 6.8 Praxisfall: Neues Denken! Bioplastik als Ersatzstoff für Erdöl!

Das Ausmaß des Klimawandels beinhaltet die Abschätzung von dessen natürlichen Veränderungen im Zeitablauf (Anmerkung: Sachliche Diagnose und Prognose bis zum Abschluss des 21. Jahrhunderts: Klimabericht für die Metropolregion Hamburg, prägnante Kurzfassung www.klimabericht-hamburg.de).

Besonders geeignete (vorauseilende) Indikatoren für die Abschätzung der globalen Klimaveränderung sind:

- Anstieg der mittleren globalen Oberflächentemperatur: Im Laufe des 20. Jahrhunderts erreichte der Temperaturanstieg 0,6 Grad. Für das 21. Jahrhundert wird ein Anstieg der Oberflächentemperatur zwischen 1,4 und 5,8 Grad geschätzt (ebenda).
- Ecological Footprint (= ökologischer Fußabdruck) des WWF (World Wide Fund for Nature) als Maßgröße des Verbrauchs natürlicher Ressourcen durch den Menschen.
- Anstieg des Meeresspiegels im 21. Jahrhundert um durchschnittlich 30 cm (zum Vergleich: im 20. Jahrhundert um ca. 20 cm) (ebenda).
- Global Dimming (= globale Verdunkelung), verursacht durch Verschmutzung der Erdatmosphäre durch Abgase, Ruß u. a.,
- Veränderung des CO_2-Gehalts der Atmosphäre
- Ergänzen Sie:

Folgen des Klimawandels

Als Folgen des Klimawandels bzw. einer Erderwärmung sind zu erwarten:

- Schrumpfende Bio-Diversität
- Bodenerosion und Wüstenbildung zum Teil auch im südlichen Europa wie in den Ländern Italien und Spanien
- Waldvernichtung und -zerstörung, Verschwinden des Urwalds mit entsprechenden Klimafolgen
- Anstieg der Häufigkeit von Stürmen mit hohen Windgeschwindigkeiten
- Zunahme von Sturzregen (insbes. in Mitteleuropa)

Die UNO schätzt, dass sich die **Folgekosten der Erderwärmung** auf mehr als 300 Mrd. EUR pro Jahr belaufen könnten. Diese Summen fehlen naturgemäß für die Finanzierung anderer, insbes. staatlicher Aufgaben.

Eine besonders schwerwiegende Folge des Klimawandels ist die prognostizierte Wasser-, insbesondere **Trinkwasserverknappung,** vor allem in Entwicklungsländern. Damit wird die Verfügung über Wasser zu einem globalen Konfliktherd. Die Anzahl der Länder mit Wassermangel wird nach Prognosen von 1990 20 Ländern auf 34 Länder im Jahre 2025 ansteigen (UNEP 2002, in: Micic 2006).

Die Erkenntnis einer wahrscheinlichen Klimaveränderung wird insbes. die Motive und Einstellungen der Konsumenten beeinflussen. Die staatlichen Auflagen zur Verlangsamung des Klimawandels wie Maßnahmen zur Senkung des CO_2-Gehalts (Treibhausgas Kohlenstoffdioxyd), zur Eindämmung der Waldzerstörung insbes. in Ländern mit tropischen Regenwäldern sowie Maßnahmen gegen die Verschwendung von Trinkwasser schaffen eine Fülle neuer Marktchancen.

Chancen für komplett innovative Produkte

Nehmen Sie eine Auflistung nach Suchfeldern vor:

Suchbereich 2: Klimawandel 1)	
Suchfeld 1: Umweltorientierter Wandel der Bedürfnisse und des Käuferverhaltens (siehe oben)	Suchfeld 2: Frühwarnsysteme und Katastrophenvorbeugung
Suchfeld 3: **2)** (s. o.) Schutz vor Sturm, Überflutung und Sturzregen	Suchfeld 4: Schadensprophylaxe nach Überflutung bzw. Deichbrüchen u. Ä.
Suchfelder 4, 5.... n: z. B. Anpassung des Obstanbaus, insbesondere der Nutzpflanzenarten an geänderte Anbaubedingungen im Klimawandel, ggf. Anpassung der Schädlingsbekämpfung u. a.	

1) siehe Klimabericht Hamburg, siehe Vorlesung im Internet, Pasche, E., Professor für Wasserbau, Institut für Wasserbau, TU Hamburg-Harburg

6.7.3 Rechtsrahmen = staatlich programmierte Chancen

Die staatliche Aufsicht und Richtlinienkompetenz, in einzelnen Bereichen die wirtschaftliche Entwicklung jenseits der Möglichkeiten des Marktes zu prägen, beeinflusst unmittelbar eine größere Anzahl von Investitionsgütermärkten. Zur Programmierung ausgewählter Wirtschaftsbereiche bedienen sich in Westeuropa die EU und deren Mitgliedstaaten als marktwirtschaftlich orientierte Länder des folgenden Instrumentariums:

- Sogenannte staatliche Konzepte (auf EU-Ebene: Weißbücher): Bei einem solchen Konzept für die wirtschaftliche Entwicklung in ausgewählten Wirtschaftszweigen bzw. Branchen handelt es sich um eine Form von Planung auf längere Fristen, die sich als „indikativ" bezeichnen lässt: Die letzte Entscheidung über die Entwicklungen der Branche liegt jedoch bei den Unternehmen.
- Regulierung des Handelns einzelner Branchen durch Gesetze (auf EU-Ebene: Richtlinien) und Verordnungen: Schwerpunktmäßig geht es bei dieser Regulierung um Branchen mit hohen Innovationspotenzialen.

Institutionelle Ebenen der staatlichen Gestaltung

Die Regelung bzw. Einflussnahme auf wirtschaftliche Aktivitäten ausgewählter Branchen geht in den Mitgliedstaaten der EU mindestens von folgenden staatlichen Ebenen der Gestaltung aus:

- Von der transnationalen Ebene mit Impulsen für zwischenstaatliche Regelungen z. B. auf der Ebene der G8 bzw. G20, der UNO und anderer internationaler Organisationen
- Von den Organen der Europäischen Union als supranationale Ebene
- Von der national-staatlichen Ebene
- Zusätzlich zu den Regierungsinstitutionen sind Einflüsse von Parteien, Verbänden, Non-Profit-Organisationen sowie von Meinungsführern für gesellschaftlich relevante Entwicklungen zu identifizieren und zu prognostizieren.

Frühankündigungssystem für Chancen

Um Chancen aus dem Bereich der politischen Programmierung der Entwicklung ausgewählter Branchen frühzeitig zu identifizieren, sind folgende Indikatoren mit ihren jeweiligen Charakteristika eindeutig zu beschreiben:

1. **Schwache Signale** aus dem national-einzelstaatlichen Bereich wie Einfangen gesellschaftlicher Trends durch Trend-Watching, Beobachtung von deren Umsetzung in Beschlüsse und Programme von Parteien oder in Gesetzesentwürfen
2. **Eindeutige Signale** aus Entwürfen von Weißbüchern, Richtlinien und Verordnungen der EU sowie aus Entwürfen nationalstaatlicher Konzepte für die Entwicklung ausgewählter Branchen und Entwürfe für Gesetzesvorhaben der Regierung und/oder entsprechender Entwürfe der sie tragenden Parteien

3. **Staatliche Vorgaben** aus durch die Organe der EU verabschiedeten Weißbüchern und Richtlinien sowie aus verabschiedeten nationalen Konzepten oder aus der Gesetzgebung der Parlamente

Auswahl von Wirtschaftsbereichen

In einem ersten Schritt geht es um die Identifizierung derjenigen Wirtschaftsbereiche, in denen die staatliche Einflussnahme bzw. die entsprechende Gesetzgebung Marktchancen für innovative Produkte generiert. Als Ausgangspunkt für deren Auswahl bietet sich der institutionelle Ansatz an.

> **Hinweis** Erfassen Sie die Wirtschaftsbereiche nach EU-Kommissaren und/oder nach den Zuständigkeitsbereichen nationaler Ministerien.

In einem zweiten Schritt ordnen Sie diesen Bereichen vorliegende staatliche Konzepte und die erwartete Gesetzgebung für diesen Bereich bzw. diese Branchen zu. Dabei geht es zum einen um den allgemeinen gesetzlichen Rahmen für die wirtschaftlichen Aktivitäten aller Unternehmen wie Umweltschutz oder Vorschriften zum Ressourceneinsatz von Wasser und Rohstoffen sowie zum anderen um die Regulierung des Handelns in einzelnen Branchen wie Qualitätsnormen oder Vorschriften zur gesunden Ernährung oder Vertriebsvorschriften wie Apothekenpflicht oder Verbot des Internet-Vertriebs u. a. m.

Die Aufgliederung der staatlich regulierten Wirtschaftsbereiche können Sie auch mit den traditionellen Elementen staatlicher Infrastrukturförderung beginnen und um neuartige Programme wie den Umweltschutz ergänzen.

Abbildung 6.9 zeigt den genannten Ansatz für die Auswahl von Wirtschaftsbereichen, in denen die staatliche Regulierung Marktchancen für innovative Produkte generiert.

Betroffenheitsanalyse und Ableitung innovativer Produkte

Als grundlegendes Verfahren der vorausschauenden Abschätzung der Auswirkungen wesentlicher Gesetzgebungsbereiche auf die perspektivische Entwicklung von Chancen für komplett innovative Produkte ist der Einsatz einer Gesetzgebungs-Betroffenheitsanalyse zu empfehlen. Der Begriff Betroffenheit signalisiert, dass erwartete Veränderungen eines Bereichs bei der Gesetzgebung mit ihren Auswirkungen die Entwicklung innovativer Produkte in mehr oder minder starkem Maße betreffen. Und zwar: entweder als Gesamtheit (= komplett innovatives Produkt) oder bei einzelnen Gestaltungselementen bisheriger Produkte (= Entwicklung neuer Produktvarianten bzw. von Produktmodifikationen).

> **Tipp** Verschaffen Sie sich einen Überblick über EU-Weißbücher in deren Entwurfsphase und über zu erwartende Veränderungen bei EU-Richtlinien (Abb. 6.10).

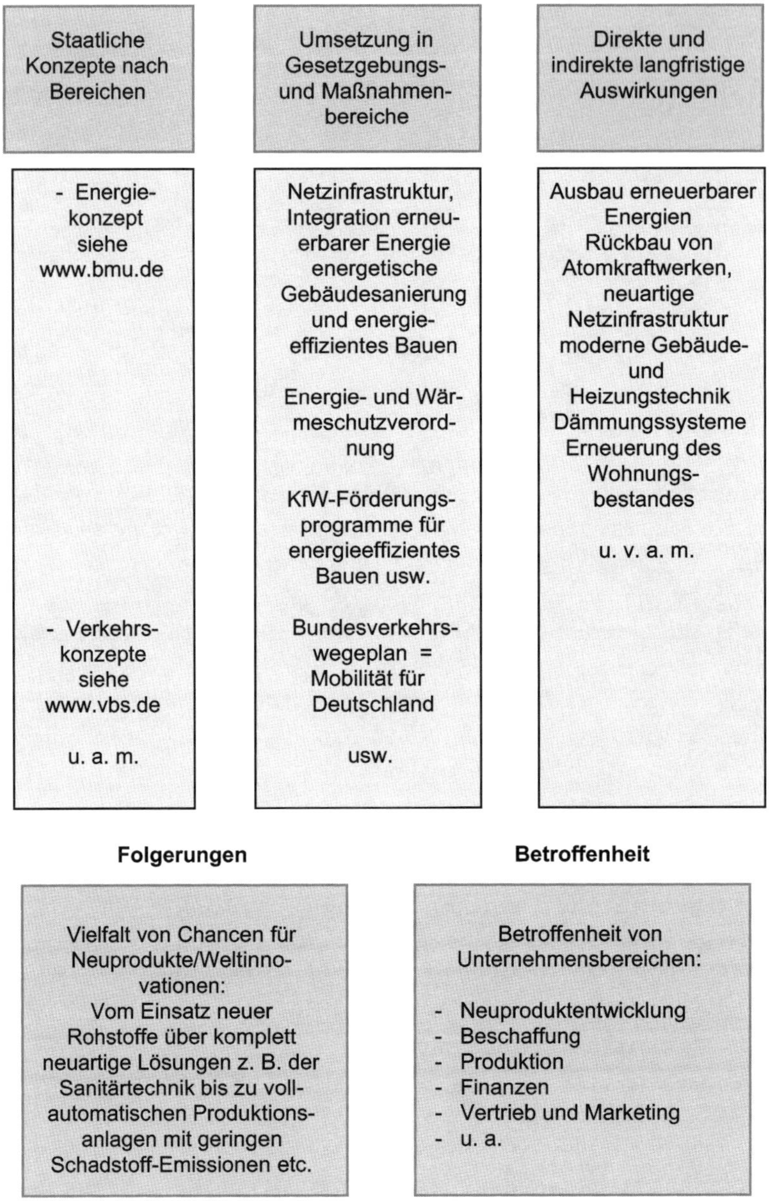

Abb. 6.9 Bereiche für staatlich programmierte Chancen

Suchansatz:	Umfeldinduzierte Innovationen
Suchbereich:	Staatliche Konzepte und Gesetzgebung
Ebene der Signalgebung	EU-Kommission-Weißbuch 1)
Politikbereiche	Verkehrs-, Wirtschafts- und Umweltpolitik
Arten der Signale	Starke, also eindeutige Signale:
➢ Ziele für Emmissionen der Verkehrsträger	Verringerung des Emissionsvolumens bis 2050 um 60 % auf Basis der Emissionswerte des Jahres 1990
➢ Verlagerung des Güterverkehrs von Straße auf Schiene	Verlagerung des Güterverkehrs bei Entfernungen von mehr als 300 km von der Straße auf die Schiene und/oder auf Wasserwege; Vorgaben in %: Jahr 2030: 30 %; Jahr 2050: mehr als 50 %
➢ Emissionsfreie Innenstädte	Maßnahmen: Verbannung konventionell angetriebener Autos aus Innenstädten Europas bis zum Jahre 2050
Betroffene Witschaftsbereiche/Branchen	Europäische Hersteller von Verkehrsgütern mit einer Vielzahl von Branchen wie Autoindustrie, Schienenfahrzeugbau, Herstellung von Lkw u. Ä.
Politische Ziele und Auswirkungen	Stärkung der Wettbewerbsfähigkeit und Sicherung einer weltweit führenden Marktposition europäischer Hersteller im Bereich der Verkehrstechnik insbes. gegenüber potenziellen Wettbewerbern aus China

1) EU-Weißbuch Verkehr vom 28.03.2011 = Grundsatzdokument, download z. B. www.evg-online.org

Abb. 6.10 Praxisfall: Frühankündigungssystem für Chancen – staatlicher Einfluss

6.7.4 Chinas Unternehmen als Benchmark

Worum es geht: Wettbewerber mit Jahr für Jahr hohen Zuwachsraten bei Umsatz und Gewinn gefährden gemeinhin Ihre Wettbewerbsposition in der Zukunft am stärksten. Gegenwärtig stammt eine besonders hohe Anzahl solcher Unternehmen aus China und anderen Schwellenländern wie Indien, Brasilien oder Russland.

China und seine Unternehmen als Benchmark

Benchmarking wird definiert als Suche nach den besten Industriepraktiken, die Spitzenleistungen darstellen (Camp 1994). Sinnvollerweise erweitert man den Vergleich mit dem bzw. den Klassenbesten von dem reinen Produktbezug um allgemeine Zielgrößen wie Kundenzufriedenheit, Qualität, Kosten und Produktivität. Ggf. dehnt man den Vergleich auf weitere Funktionen wie Marketing und Service aus.

Die Aufgabe der vorausschauenden Benchmarking-Analyse besteht darin, betriebliche Leistungslücken im Vergleich zu den Bestleistungen zu identifizieren, zu denen chinesische Unternehmen in Zeitabschnitten von 5, 10, 15, 20 bzw. 30 Jahren in der Lage sein werden.

> **Tipp** Berücksichtigen Sie die ggf. „idealen Wettbewerbsbedingungen" chinesischer Unternehmen als Plattform für deren Start in westliche Industrieländer (siehe Teil I).

Vorausschau der Entwicklung chinesischer Wettbewerber

Die Abb. 4.7 enthielt eine schematische Darstellung der langfristig zu erwartenden Entwicklung chinesischer Unternehmen vom Zulieferer bis zum High-Tech-Unternehmen. Die Vorausschau innovativer Fähigkeiten dieser Unternehmen im Bereich der Neuproduktentwicklung und damit deren Stoßrichtung in der nahen Zukunft lässt sich anhand folgender Indikatoren abschätzen:

- Technologie-Transfer-Vereinbarungen mit Unternehmen aus westlichen Ländern und/oder gemeinsame Errichtung eines Forschungszentrums u. Ä.,
- Akquisition von Unternehmen mit Hochtechnologie-Standard in westlichen Ländern.

> **Hinweis** Welche Unternehmen aus westlichen Ländern unterstützen welche chinesischen Wettbewerber durch Transfer modernster Technologien und ermöglichen diesen einen Quantensprung der Wettbewerbsfähigkeit (siehe auch Kap. 7)

> **Tipp** Achten Sie auch auf die Akquisition von Hochtechnologieunternehmen in westlichen Ländern.

Das Ergebnis spiegelt den technologischen Standard Ihrer potenziellen chinesischen Wettbewerber in der nahen Zukunft wider.

▸ **Hinweis** Bei Unternehmen aus China, Indien oder Brasilien handelt es sich eigentlich um Nachzügler. Diese haben z. T. in rasantem Tempo einen technologischen Rückstand aufgeholt.

▸ **Hinweis** Chinesische Unternehmen wirken somit als Ihre Innovationstreiber!

▸ **Folgerung** Definieren Sie abschließend das Ausmaß des Erneuerungsbedarfs Ihres bisherigen Produktionsprogramms!

6.8 Ansatz 3: Technische Möglichkeiten im Visier

Nehmen Sie technische Möglichkeiten für die Suche nach innovativen Produkten ins Visier. Dieser Ansatz zur Suche komplett innovativer Lösungen beinhaltet die folgenden drei Suchbereiche mit einer Vielzahl von Suchfeldern:

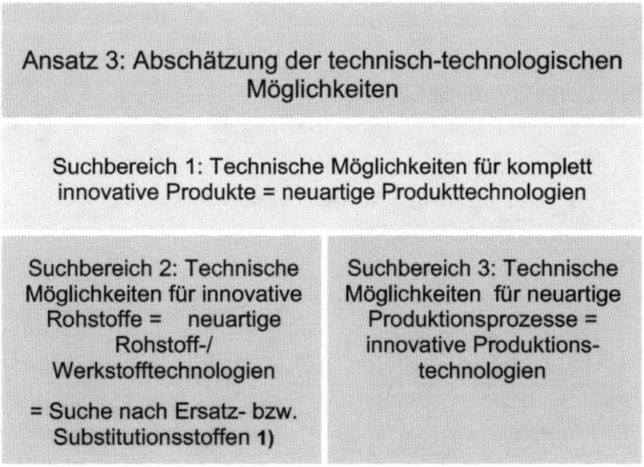

1) Auswahl der lukrativsten Rohstoffe für die Suche nach Ersatzstoffen (siehe oben)

Der Ablauf der methodischen Vorgehensweise und die einsetzbaren Analysen mit ihren Indikatoren sind methodisch betrachtet bei allen drei aufgezeigten Suchbereichen identisch. Was sich hingegen unterscheidet, ist die Art des Bedarfs an Informationen zur Abschätzung der jeweiligen technischen Möglichkeiten. Das Gleiche gilt für die Informationsquellen.

6.8.1 Methodische Vorgehensweise

Die methodische Vorgehensweise bei der Analyse und Vorausschau technischer Möglichkeiten für eindeutig formulierte Problemstellungen bzw. Projektvorschläge vollzieht sich in einer Abfolge einzelner Schritte:

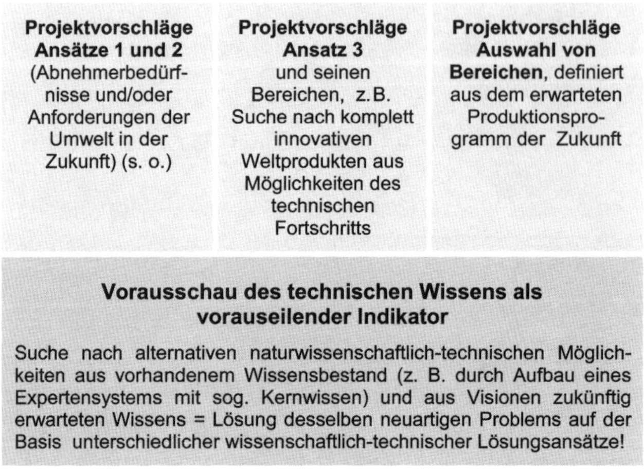

Abb. 6.11 Ausgangspunkte für Suche nach technisch-technologischen Möglichkeiten

Ausgangspunkte für die Suche nach technisch-technologischen Möglichkeiten beinhaltet Abb. 6.11.

Anmerkungen zu den folgenden Abbildungen

1) **Lebenszyklus-Kurve von Technologien:** Der Verlauf der Leistung einer Technologie folgt nach dem Konzept von McKinsey einer S-Kurve (siehe oben Teil I). Im vorliegenden Falle erfolgt die Bewegung auf der Leistungskurve der bisherigen Technologie.
2) Am Abschluss des Lebenszyklus bringt die weitere Technologieausbeute auf derselben S-Kurve weit weniger Fortschritt als der **Übergang auf die nächst anspruchsvollere S-Kurve** (siehe Teil I, ebenda). Im vorliegenden Falle erfolgt die Bewegung auf der Leistungskurve der nächst anspruchsvolleren Technologie.
3) Die Annahme des S-Kurven-Konzepts ist nur bei solchen Innovationen berechtigt, bei denen die Fortschritte in kleinen Schritten erfolgen. **Das Konzept versagt bei einem Trendbruch.** Damit versagt diese Art von Prognosen, wenn z. B. ein besonderer wie physikalischer Effekt entdeckt oder eine **bahnbrechende Erfindung** gemacht wird. Deren Leistung **folgt** einer **eigenen, ggf. andersartigen Leistungskurve. (Quelle McKinsey, s. o.).** Im vorliegenden Falle erfolgt die Eröffnung eines neuen Marktbereichs. Es entsteht ein neuer Markt für ein komplett innovatives Produkt mit eigener Marktlebenszykluskurve und Start einer neuen Technologie in deren Entstehungsphase.

Alternative 1	**Alternative 2**	**Alternative 3**
Finden von Möglichkeiten zur verbesserten Fortschreibung der Nutzung von bisherigem Wissen = Produkt-modifikationen, d. h. Verbesserung bisheriger Produkt-eigenschaften **1)**	Finden von Möglichkeiten zur Erarbeitung einer neuartigen Lösung im bisherigen Marktbereich mit Übergang auf anspruchsvollere Technologie (= neues Marktfeld) = neue Produkt-varianten **2)**	Finden einer revolutionär-neuen Lösung und Übergang in einen neuartigen Marktbereich bei Anwendung komplett andersartiger Technologien (= „Alles anders machen" (Schumpeter) = komplett neuartiges Weltprodukt **3)**
Bohren immer tieferer Löcher (siehe unten)	Bohren eines neuen Loches in verwandtem Bereich	Bohren eines neuen Loches in komplett andersartigem Terrain (Bereich)

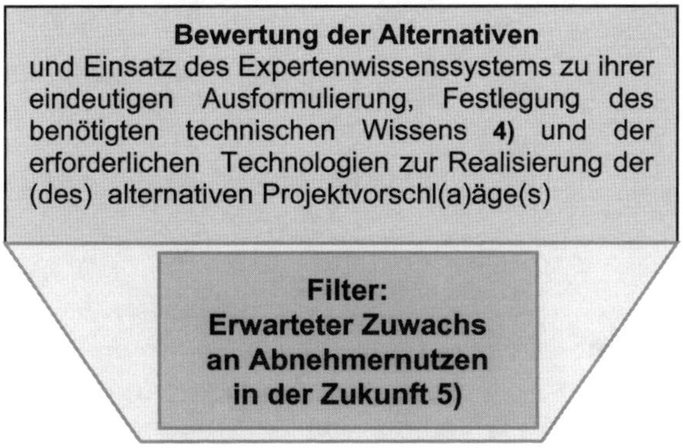

4) **Tipp:** Greifen Sie ggf. bereits jetzt auf Datenbanken zu, die auf dem Wege sind, das „technische Wissen dieser Welt" als Wissensbestand zu sammeln.
5) Siehe unten: Worauf Sie achten sollten: 2. Maßstab für technisches Wissen.

Vorausschau der technologischen Möglichkeiten

- ✓ Auflistung der erforderlichen (Kern-) Technologien, untergliedert nach der Art, wie sie die Wettbewerbsposition von Unternehmen beeinflussen. **6)**
- ✓ Vorausschau der erwarteten Verfügbarkeit von insbes. neuartigen (Kern-) Technologien und Kernkompetenzen bis zu einem abzuschätzenden Zeitpunkt in der Zukunft.
- ✓ Vorausschau des Zeitpunkts des Erwerbs sämtlicher erforderlicher Kerntechnologien und Kernkompetenzen bzw. des Wissens, untergliedert nach Eigenerwerb, Erwerb aus Forschungskooperationen, Kauf von Technologien oder Erwerb von Lizenzen. usw.

Auswahl des bestgeeigneten Alternativvorschlags

zur Realisierung und Umsetzung in konkretes Forschungsprojekt der langfristigen Neu-Produktplanung

6) Eine derartige Untergliederung unterscheidet zwischen Basis-, Schlüssel- und Schrittmacher- sowie komplett innovativen Technologien: Basistechnologien beherrschen alle Wettbewerber. Ihre Beherrschung ist eine unabdingbare Voraussetzung für den Markteintritt. **Basistechnologien** sind damit ungeeignet, um einen Wettbewerbsvorteil zu erzielen. **Schlüsseltechnologien** weisen zu einem bestimmten Zeitpunkt einen intensiven Einfluss auf die Wettbewerbsfähigkeit innerhalb einer Branche bzw. eines Marktfeldes auf. Die Bedeutung langfristiger Vorteile von Schlüsseltechnologien vermindert sich im Zeitablauf stetig, weil auch andere Wettbewerber diese beherrschen. Oder es entstehen neue Technologien, die sich in einem frühen Entwicklungsstadium befinden, die dann überalterte Technologien verdrängen. **Neue und Schrittmachertechnologien**: Haben neue Technologien einen starken Einfluss auf die Wettbewerbssituation einer Branche, so bezeichnet man sie als Schrittmachertechnologien. **Komplett innovative Technologien** bewirken auf bestimmte Fristen eine monopolartige Stellung im Wettbewerb. Sie lassen sich nach ihrer Bedeutung für den zeitli-

Laterales 1) statt vertikales Denken	Ganzheitliches 2) statt punktuelles Denken
Nachhaltiges 3), langfristiges 4) statt kurzfristig-gewinnorientiertes Denken	Kosmopolitisches 5) statt nationales Denken

Abb. 6.12 Neues Denken und seine Bausteine (Elemente) – Bitte ergänzen Sie!

chen Wettbewerbsvorsprung in solche hoher, mittlerer und niedriger/keiner Bedeutung für den Wettbewerbsvorsprung untergliedern.

Worauf Sie achten sollten

1. Erwerb von Wissen mit neuem Denken

Um die komplexe Aufgabe der Suche nach technisch-technologischem Wissen zur Erfindung komplett innovativer Produkte zu lösen, empfiehlt sich der Erwerb neuen Wissens mit neuem Denken (Abb. 6.12)!

Bausteine eines neuen Denkens:
Zu 1: Mit der **lateralen Denkweise** tasten Sie Wissensbestände nach Wissensgebieten ab, die andersartige Lösungsmöglichkeiten für ausgewählte Probleme beinhalten. Sie vermeidet die Konzentration auf in der Vergangenheit erfolgreiche Technologien, sucht nach Lösungen auf zentralen Wissensfeldern unterschiedlichster Art und Herkunft.

Zu 2: **Ganzheitliches Denken** beinhaltet auch ökologisches Denken, d. h. es berücksichtigt die Erhaltung der Natur, vermindert Sackgassen früherer mechanistischer Denkansätze u. a. Unsere Umwelt ist unsere Existenzgrundlage. Zum Beispiel statt Abfälle zur Entsorgung zu erzeugen, gilt es, Reststoffe in die Produktion zurückzuführen.

Zu 3: **Nachhaltigkeit** schließt die Anforderung ein, nur so viele Rohstoffe zu verbrauchen, wie in derselben Periode nachwachsen. Es bedeutet auch, aus sozialer Verantwortung und aus ethischen Gründen nicht alles zu tun, was Geschäfte bringt. Es beinhaltet, soziale Verantwortung wahrzunehmen; und ökonomisch solide Erträge vorrangig durch Unterstützung von Kunden bei Erreichung von deren Zielen zu erzielen und nicht aus der Vorspiegelung von Scheinnutzen. Es führt zu technologischen Innovationen aus dem Prinzip der Nachhaltigkeit z. B. durch Effizienzverbesserung und durch Reduzierung des Verbrauchs begrenzter Ressourcen.

Zu 4: Als **langfristiges Denken** definiert die Betriebswirtschaftslehre ein solches über Zeiträume von mehr als 5 bis 6 Jahre.

Zu 5: Als **kosmopolitisch** bezeichnet man das **Denken** als Weltbürger: Dieser sieht sich in der Verantwortung für die Einhaltung der Menschenrechte – und dies gilt auch für Gastländer! Es beinhaltet die Achtung der demokratisch-freiheitlichen Gesellschaftsordnung des Westens als Vorbild und unternimmt Alles zu deren Erhaltung im Wettbewerb mit andersartigen Systemen in der Welt. Es beachtet die Gegenmacht von Abnehmern bzw. Konsumenten gegen weltweit agierende Unternehmen beispielweise durch mögliche Boykottaufrufe im Internet und die Gewährleistung von Rechtssicherheit im Ausland sowohl für In- als auch für Ausländer (vgl. Beck 2009).

2. Maßstab für die Messung technischen Fortschritts

Als Maßgröße dafür, welches Ausmaß an technischem Fortschritt der Einsatz von technisch-technologischem Wissen schafft bzw. in der Zukunft schaffen wird, ist allein ein solcher mit einem Bezug zum Anwender- bzw. Kundennutzen zu definieren. (Krubasik 1988, S. 443 ff.). Die Anzahl von Publikationen und/oder erfolgreich angemeldeten Patenten sind somit kein überzeugender Maßstab.

> **These** Der Maßstab für die Messung des technischen Fortschritts ist in Bezug auf die Steigerung des Abnehmernutzens festzulegen!

Diese Aussage gilt auch dann, wenn Sie eine spezifisch-technische Maßeinheit als Indikator wählen. Als Beispiele für solche technischen Leistungsmaßstäbe mit Bezug zum Abnehmernutzen sind bei Autoreifen deren Laufleistung und Rutschfestigkeit oder bei Speicherchips deren Schaltverzögerung und Energieverbrauch zu nennen. Und die Definition der Maßeinheit ist so zu wählen, dass Forschungs- und Entwicklungsaktivitäten die festgelegten Maßgrößen unmittelbar beeinflussen. Als ungeeignet erweisen sich somit z. B. Kostensenkungskennzahlen, die auf Degressionseffekten bei Massenproduktion basieren.

3. Alternative Vorgehensweisen

Die gegenwärtige Entwicklung des technischen Fortschritts zeigt, dass zur Lösung eines Abnehmerproblems in der Zukunft in der Regel mehrere als geeignet erscheinende Lösungswege zur Verfügung stehen werden. In einem frühen Stadium der Suche nach geeigneten technischen Wegen ist somit zu entscheiden, ob potenzielle Lösungsvarianten parallel oder sequenziell zu verfolgen sein werden. Bei der Wahl der parallelen Ausrichtung der Forschung prüft man die wichtigsten möglichen Lösungswege simultan. Erst danach wählt man denjenigen mit dem höchsten Grad der Zielerreichung (gemessen am gewollten Niveau des Kundennutzens bei niedrigstem Aufwand) aus. Bei sequenzieller Vorgehensweise entscheidet man sich im Vorfeld für den als am günstigsten erscheinenden Lösungsweg.

4. Reduktion der technischen Komplexität

Branchenübergreifend besteht das bekannte Problem der kostentreibenden Komplexität der weiteren Entwicklung von technischen Lösungen. So gilt als Erfahrungssatz, dass der Aufwand für F&E bei bestimmten Projekten mit der Komplexität des Vorhabens exponentiell steigt. Im Zentrum der Betrachtung hat folglich die Reduktion der technischen Komplexität zu stehen. Zu diesem Zweck zerlegt man die Aufgabe in mehrere Schritte Auf diese Weise wird der technische Fortschritt i. d. R. mit weniger Aufwand realisierbar.

5. Zeitraubender Übergang vom Know-how zum Neuprodukt

▸ **Tipp** Für die Erfindung echt innovativer Produkte sollten Sie lange Zeiträume einplanen.

▸ **Weit verbreiteter Irrtum** Eine Aussage, die mit größter Wahrscheinlichkeit im Hinblick auf den Durchbruch bei bahnbrechenden neuen Technologien einen Irrtum darstellt: Der Zeitraum zwischen dem Erwerb des Know-hows und dem erfolgreich vermarkteten Produkt verkürzt sich ständig. Stattdessen wird die folgende These richtig sein:

▸ **These** Je bahnbrechender und grundsätzlicher ein neuer wissenschaftlicher Ansatz ist, umso längere Zeit nimmt die Umsetzung von der Theorie in die Praxis in Anspruch – oder anders ausgedrückt: Entwicklungen dauern stets länger als erwartet (Naisbitt 2007)!

6.8.2 Aus Technologie-Zukunftsbildern innovative Produkte

Methodische Ansätze der Vorausschau von Technologien

Die technologischen Möglichkeiten sind ein eigenständiger Ansatz für die Suche nach Weltinnovationen. Sie beinhalten eine Vielzahl von Suchbereichen und -feldern (s. o.). Damit gilt es, über eine Prognose technologischer Entwicklungen Erfolg versprechende Technologien frühzeitig zu identifizieren und Marktchancen entsprechender Produkte abzuschätzen.

Als methodische Grundlage bietet sich die Erarbeitung technologischer Zukunftsbilder an. Diese sind für einen ausgewählten Zeithorizont in der Zukunft auszugestalten, und sie sollen nach Zeitabschnitten die Frage beantworten: Was lässt sich in 5, 10 und 20 Jahren usw. technologisch erreichen?

▸ **Hinweis** Ihre Suche nach innovativen Produkten folgt demnach bildhaft ausgestalteten Leitvorstellungen (Steinmüller und Steinmüller 2006).

Zur Prognose bzw. Vorausschau technologischer Entwicklungen eignen sich (wohl ausschließlich) sogenannte qualitative Verfahren. Diese Verfahren zielen auf die Erarbeitung von Abbildern der technologischen Zukunft nach Technologiebereichen ab. Realistischerweise eignen sich die beiden folgenden Verfahren in besonderem Maße zur Technologievorausschau:

- Prognosen zukünftiger technologischer Entwicklungen, Erarbeitung sogenannter Visionen, unter Auswertung von Expertenbefragungen: Nach einer optimistischen Auffassung bzw. Erfahrung reicht bereits die strukturierte Befragung zweier Experten zur Prognose technologischer Entwicklungen (Kaku 2006, S. 4 ff.).
- Erarbeitung sogenannter Leitvisionen zu Themenbereichen mit hohen Innovationspotenzialen als Ergebnis sogenannter Delphi-Befragungen (siehe unten Abb. 6.14).

Technologische Visionen als Ergebnis von Befragungen

Der folgende Ansatz mit der Ableitung sogenannter technologischer Visionen für eine weit gespannte Zukunft für das gesamte 21. Jahrhundert basiert auf der Annahme, dass die Menschheit das Denken im 20. Jahrhundert auf eine revolutionär neuartige Basis gestellt hat.

Innovationen aus revolutionär neuem Denken

Die folgenden drei Elemente bestimmten die Entwicklung der modernen Wissenschaft bzw. verursachten ein revolutionär neues Denken im Laufe des 20. Jahrhunderts (... und das wird komplett innovative Produkte en masse nach sich ziehen). Die folgende Abbildung verdeutlicht, dass im Zentrum des Erfolgs für eine Vielzahl neuer Technologien die Quantentheorie steht.

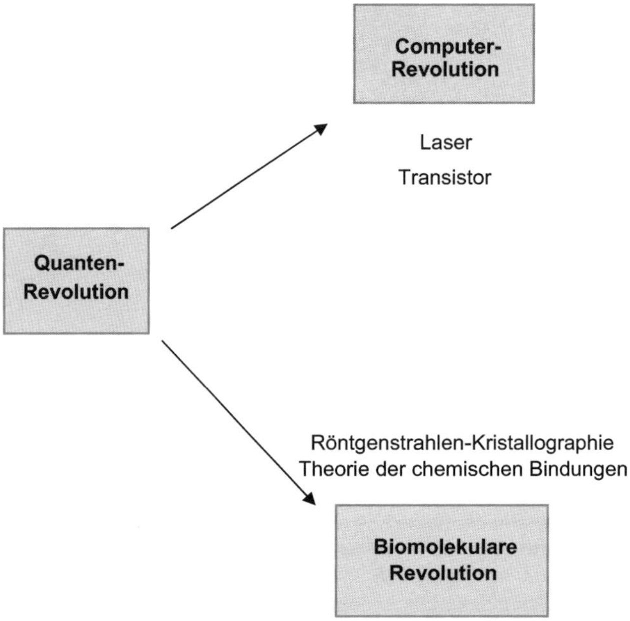

Diese drei Revolutionen eröffneten das Zeitalter des Reduktionismus, d. h. es geht darum, alles auf seine kleinsten Komponenten zurückzuführen: Die Wissenschaft entschlüsselte die Geheimnisse des Atoms, der DNA-Moleküle und der logischen Schaltkreise des Computers. Diese Erfindungen eröffneten eine neue Ära: Die Menschheit schafft damit den Übergang vom Amateur des Spiels zu dessen großem Meister, sie wird vom Beobachter zum Choreographen der Natur (Kaku ebenda).

Die Beziehung zwischen diesen drei Erfindungen ist intensiv dynamisch: Zum Beispiel entziffern die Biologen unter Einsatz des Computers Millionen von Genen. Und die DNA-Forschung ermöglicht neue Typen für die Computer-Architektur.

Die technologischen Visionen, die sich aus der Befragung von Experten für das 21. Jahrhundert ableiten, untergliedern sich entlang der Zeitachse wie folgt:

- ✓ Mikroelektronik
- ✓ Biotechnologie
- ✓ Neuartige Materialien
- ✓ Telekommunikation
- ✓ Flugzeugindustrie – zivile Luftfahrt
- ✓ Maschinen, Werkzeuge und Roboter
- ✓ Computer (Hardware und Software)

Abb. 6.13 Schlüssel- und Neu-Technologien von 1990 bis 2020. Auflistung des MITI (Japan), Kaku, M., ebenda S. 13

1. Zeitraum von der Gegenwart bis um das Jahr 2020
   - Leistungsfähigkeit von Computern: Anstieg im bisherigen Verhältnis.
   - Preissenkungen bei Mikroprozessoren, so dass sich überall intelligente Systeme aufstellen lassen. Es entsteht ein Netzwerk von Millionen von Computern, welche einen „intelligenten Planeten" schaffen.
   - Fortschritte in der Biotechnologie im Bereich der Zellentwicklung: Für Tausende von Organismen kennt man deren DNA-Code. Das Wissen um die Molekularstruktur ermöglicht es, ganze Organe einschließlich der Leber und Niere im Labor heranwachsen zu lassen.
2. Zeitraum von 2020 bis 2050
   - Die Technologie des Computers unter Einsatz von Mikroprozessoren gerät an Grenzen der Leistungsfähigkeit.
   - Es folgt die Erfindung komplett neuer Computer wie „optische oder Quanten-Computer".
   - Auf deren Basis entstehen neuartige Technologien wie Roboter mit menschlichen Eigenschaften, und weitere Fortschritte in der Biotechnologie werden möglich wie das Verständnis von Erkrankungen, deren Anlagen auf unterschiedlichen Genen platziert sind (sogenannte polygenetische Erkrankungen wie Herz-Kreislauf-Erkrankungen, Arthritis, Auto-Immun-Erkrankungen u. a.).
   - Fortschritte in der Quantentheorie befähigen dazu, Maschinen in der Größe von Molekülen herzustellen u. a. m.
3. Und **welchen konkreten Nutzen weisen derartige Visionen für die Praxis** der Findung von Neuprodukten auf? Aus ihnen kann man offensichtlich eine Auflistung von Schlüssel- und Neu-Technologien der Zukunft ableiten.

Abbildung 6.13 enthält die entsprechenden Folgerungen des MITI, des Wirtschafts- und Forschungsministeriums Japans, für die Periode von 1990 bis zum Jahre 2020.

Exkurs: Neue Regeln für „Wohlstand der Nationen"?

Nach L. Thurow, Sloan School of Management (MIT):

▸ **These** Es wird im 21. Jahrhundert zu einem historisch bedeutsamen Wandel des Wohlstands der Nationen kommen!

Der Handel mit Waren wird global elektronisch vernetzt sein. Damit werden die Warenpreise relativ fallen. Selbst das Kapital wird auf eine Ware reduziert, die elektronisch um die Welt rast. Wissen und Fähigkeiten stellen in Zukunft die einzige Quelle des komparativen Vorteils im Wettbewerb der Nationen dar (zitiert nach Kaku, a. a. O.); s. Abb. 6.14.

Roadmap

Eine sogenannte Roadmap rundet die beiden genannten Verfahren der qualitativen Technologievorausschau sinnvoll ab. Es geht bei deren Erstellung um die Abschätzung von Zeitpunkten, zu denen zu erwarten sein wird, dass wichtige neuartige Technologien realisiert wurden. Damit lässt sich die Suche nach technischen Möglichkeiten für Neuprodukte verbinden.

Worauf Sie achten sollten

1. Patentanmeldungen als Frühindikator

Patentinformationen eignen sich als Instrument der Früherkennung bzw. Vorausschau. Sie erlauben:

- die Vorausschau der Richtung technologischer Entwicklungen,
- die auf bestimmten technologischen Gebieten führenden Unternehmen zu identifizieren (= Auffinden möglicher Kooperationspartner oder Wettbewerber),
- die technologische Richtung der Forschungs- und Entwicklungsaktivitäten führender Länder und deren Unternehmen zu prognostizieren (vgl. Marktlebenszyklus und. andere Analysen – siehe Teil I),
- beabsichtigte Exportstrategien von Unternehmen zu prognostizieren, indem Sie nachvollziehen, in welchen wichtigen potenziellen Absatzmärkten die entsprechenden Unternehmen Patentschutz beantragen.

▸ **These** Wenn Patentanmeldungen erfolgen, dürfte der technische Vorsprung Ihrer Wettbewerber bereits groß sein. Dann stellt sich die Frage: Begibt man sich auf die Verfolgungsjagd oder eröffnet man ein neues Rennen auf neuen Technologiefeldern?

2. Technologische Trends

Die Erarbeitung technologischer Trends beruht auf der Vorstellung, dass sich bei hinreichend statistischem Material die Zukunft der Entwicklung von Technologien zuverlässig prognostizieren lassen wird. Solchen Trendextrapolationen liegt ggf. eine (zu einfache) deterministische Vorstellung der Technikentwicklung zugrunde.

Leitvisionen des Futur-Projekts haben den Anspruch, folgende Fragen zu beantworten:

- ✓ Welche Bedürfnisse werden Konsumenten und Gesellschaft in der nahen Zukunft haben?
- ✓ Welche technologischen Möglichkeiten sind zu schaffen, um diese abzudecken?
- ✓ Und welche von diesen sind in die Forschungsprogramme des BMBF und der EU zu integrieren?

Leitvisionen Deutscher Futurdialog 2001 – 2003

Informieren Sie sich im Detail:

www.futur.de

Leitvision 1: Ein Leben lang gesund und vital durch Prävention

Leitvision 2: Das Denken verstehen

Leitvision 3: Leben in der vernetzten Welt: individuell und sicher

Und als Querschnittsfunktion: Es sind aus den Leitvisionen individuelle Produkte für den Markt von morgen abzuleiten! Beispiele sind:

- Diagnosemobil für Gesundheits-Check von Schülern
- Krankenversicherung mit Rabattsystem bei Nutzung von Fitness- und Wellnessangeboten der Kommunen etc.
- Ihre Ergänzungen:

Fortsetzung als Foresight-Prozess 2007 bis 2009 im Auftrage des BMBF:

Aus Zukunftsthemen sind ebenfalls Projektvorschläge abzuleiten! **1)**

Beispiele für Zukunftsthemen sind:

Zukunftsthema a: Mensch-Technik-Kooperation

Zukunftsthema b: das Alter entschlüsseln, weitere Themen c – f, dann:

Zukunftsthema g: zukunftsfähige Energielösungen

Bitte informieren Sie sich im Detail!

- ➤ Die Studie finden Sie zum Download ebenso wie die
- ➤ Dokumentation der Ergebnisse zu den Zukunftsthemen unter www.isi.fraunhofer.de/bmbf-forsight.php www.iao.fraunhofer.de/foresight
- ➤ Anregungen zu Projektvorschlägen für komplett innovative Produkte entnehmen Sie bitte insbesondere den zukünftigen Forschungsthemen und Anwendungspotenzialen – und ggf. beteiligt sich an Ihrem F&E-Aufwand das BMBF mit Mitteln der Forschungsförderung.

1) Zukunftsthemen greifen über die traditionellen wissenschaftlich-technologischen Disziplinen hinaus. Aus ihnen sind bahnbrechende Erkenntnisse zu erwarten.

Abb. 6.14 Aus Leitvisionen innovative Produkte ableiten

3. Eigen- oder Fremdentwicklung neuartiger Technologien?
Die Entscheidung, welche der komplett neuartigen Technologien das eigene Unternehmen alleine oder gemeinsam mit potenziellen Lieferanten oder im Rahmen einer Technologie-Allianz (= Formen der vertikalen und/oder horizontalen Kooperation) erarbeiten sollte, lässt sich u. a. auf der Grundlage der beiden folgenden Kriterien treffen:

- **These 1: Kostenvergleich oder die Gefahr der Irreleitung** Beim Kostenvergleich vergleicht man i. d. R. die erwarteten Kosten der Eigenentwicklung und der daraus folgenden erwarteten Herstellungskosten für das Neuprodukt mit den erwarteten Kosten des kooperativen Erwerbs oder denen des Fremdbezugs. Bei der Entscheidung ist es wesentlich zu verhindern, dass langfristige Planungsentscheidungen auf möglicherweise kurzfristigen Kostengrößen basieren. Demgegenüber empfiehlt sich ein Vergleich externer bzw. kooperativer Beschaffungskosten der Technologieentwicklung mit einer Prognose der Kosten der Eigenentwicklung.

- **These 2** Als Entscheidungskriterium ist jedoch der Aspekt der langfristigen Wettbewerbsvorteile vorrangig: Hierbei handelt es sich um Vorteile aus dem Erwerb neuartiger Technologien und Fähigkeiten als langfristig wirksame Kernkompetenz. Diese dient dem Aufbau einer Stellung der Einzigartigkeit bzw. eines Quasi-Monopols auf längere Zeiträume:

  - Zum einen gilt es, auf möglichst lange Fristen diese Quasi-Monopolstellung aufgrund der Forschungsführerschaft zu erzielen und zu erhalten.
  - Zum anderen gilt es, einen möglichst langfristigen Vorsprung von der Markteinführung ab zu erreichen und „imitationssicher" zu verteidigen.

Diese Überlegungen verdeutlichen, dass Sie dem Aspekt der Wettbewerbsvorteile und dem Erfordernis des Aufbaus unnachahmlicher Kernkompetenzen den Vorrang vor niedrigeren Kosten einräumen sollten.

4. Wettbewerb politischer Systeme
Insbesondere die EU-Länder, die USA und Japan mit den auf ihrem Territorium tätigen Unternehmen stehen zum einen im friedlichen Wettbewerb um technologischen Vorsprung und die Schaffung moderner Arbeitsplätze. Zum anderen zeichnet sich mehr und mehr ab, dass diese Länder – und damit auch Ihr Unternehmen – ebenfalls im friedlichen Wettbewerb mit der VR China und deren Unternehmen stehen. Prinzipiell geht es in diesem Wettbewerb auch um einen Wettbewerb der Erfolge unterschiedlicher Gesellschaftsmodelle und Wirtschaftssysteme (siehe oben, Teil I, Abschn. 4.5 und Teil II, Abschn. 6.7.4, s. u.).

6.9 Auswahl langfristig attraktiver Neuprodukte

Vorgabe von Zielen

Als Grundlage für die Auswahl der attraktivsten Innovationsprojekte für die Übergabe in den F&E-Bereich gilt es, angemessene Zielgrößen mit langfristigem Charakter zu definieren. Als solche Zielgrößen eignen sich (Krubasik 1988 S. 443 ff.):

1. F&E-Produktivität: Sie wird definiert als Ausmaß des technischen Fortschritts bezogen auf den Aufwand bzw. pro Recheneinheit, also pro F&E-Aufwand in Euro oder pro Forschungsmitarbeiter pro Jahr. Eine derartige Berechnung basiert auf naturwissenschaftlich-technischen Gesetzmäßigkeiten.
2. Innovationsausbeute: Sie ermittelt man als Ertrag aus dem erzielten technischen Fortschritt. Dabei geht es um die Nutzung von Marktchancen und dem aus der Markteinführung innovativer Produkte resultierenden langfristigen Gewinn (= Renditeüberlegung).

Die technischen Anstrengungen eines Unternehmens sind auf diejenigen Bereiche zu konzentrieren, von denen die relativ höchsten Beiträge zum Wachstum und Gewinn in der Zukunft zu erwarten sind.

Vorgehensweise in Phasen und Schritten

Die Auswahl von Produktprojekten/-ideen wird sich in mehreren Phasen und Schritten vollziehen und kann wie in Abb. 6.15 dargestellt ablaufen:

Anmerkungen zu Abb. 6.15

1) Siehe Arbeitsunterlage 1 unten.
2) **Auswahlkriterien zur Grobauswahl:** Als Auswahlkriterien der Grobanalyse eignen sich z. B. drei Hauptkriterien mit jeweils 3 bis 4 Einzelkriterien, nämlich Marktaussichten, Technologiechancen und Marktrisikopotenzial, jeweils bezogen auf einen Zeitraum bis zu einem festzulegenden Zeitpunkt in der Zukunft.
3) **Rangordnung der Projektvorschläge:** Um diese Rangordnung zu erstellen, bietet sich der Einsatz der Nutzwertanalyse im Rahmen der Grobauswahl an. Deren Einsatz setzt für den Vergleich der Varianten die obengenannten Hauptkriterien mit den ihnen zugeordneten Teilkriterien bzw. Indikatoren voraus. Jedes dieser Kriterien bzw. Indikatoren lässt sich nach deren Bedeutung für die Auswahlentscheidung gewichten. Multipliziert man die Punktwerte der Ausprägung mit den Gewichtungsfaktoren, so ergibt sich ein Gesamtpunktwert pro Kriterium. Die Summe dieser Gesamtwerte stellt die subjektive Bewertung jeder Alternative dar.
4) Siehe unten: Arbeitsunterlage zum Marktaussichten-/Technologiechancen-Portfolio,
5) Muster einer solchen Analyse, siehe unter anderem Homburg und Krohmer (2003, S. 488 ff.)
6) Zur Sensitivitätsanalyse siehe Spezialliteratur u. a. ebenda

1. Phase **Vorauswahl** Aussonderung ungeeigneter Produkt- bzw. Projektvorschläge	**2. Phase** **Grobauswahl** Filterung attraktiver Projekt- bzw. Produktvorschläge	**3. Phase** **Hauptauswahl** Auswahl lukrativster Produkt- bzw. Projektvorschläge
1. Schritt: Auflistung von Produkt- bzw. Projektvorschlägen für Weltinnovationen **2. Schritt:** Schnelltest der Projektvorschläge anhand weniger Muss- bzw. K.o.-Kriterien mit jeweils langfristig zu erreichendem Mindestniveau **1)**	**1. Schritt:** Erarbeitung eines Satzes von Auswahlkriterien **2)** **2. Schritt:** Bewertung der Attraktivität der langfristigen Projektvorschläge und Bildung einer Rangordnung **3)** **3. Schritt:** Aussonderung ungeeigneter Projektvorschläge	**1. Schritt:** Ergänzung des Katalogs von Kriterien um solche, die Gewinnchancen reflektieren. **2. Schritt:** Einsatz von Verfahren der Wirtschaftlichkeitsanalyse, insbes. der Kapitalwertmethode **5)** und Sensibilitätsanalyse **6)**
Ergebnis: = Verkürzung der Ausgangsliste auf „Liste relevanter Neuproduktvorschläge" für Erneuerungsstrategie	**Ergebnis:** . Prioritätenliste und Visualisierung verbliebener Projektvorschläge im Marktaussichten-/Technologiechancen-Portfolio **4)**, ergänzt durch Marktaussichten-Marktrisikopotenzial-Portfolio	**Ergebnis:** Präsentation der langfristig lukrativsten Projektvorschläge = Grundlage für Neuausrichtung des Unternehmens in der Zukunft

Abb. 6.15 Auswahl attraktiver Neuprodukte

Arbeitsunterlagen

1. Haupt- und Einzelkriterien für die Vorauswahl 1)

▸ **Anmerkungen zu Abb. 6.16**

1) Lassen sich die vorhandenen und bis zu einem festgelegten Zeitpunkt in der Zukunft zu entwickelnden Stärken in kaufentscheidende Produkteigenschaften umsetzen?
2) Die Suche nach Neuprodukten kann zum einen nahe der bisherigen Unternehmensmission (nahe Distanz) oder zum anderen entfernt von der bisherigen Mission (entfernte Distanz) erfolgen. Im ersteren Falle nutzt das Unternehmen sämtliche bisherigen Stärken, im zweiten Falle schränkt es deren Nutzung z. B. bewusst auf eine ein.

Hauptkriterien Kriteriengruppe	Einzelkriterien	Erfüllungsgrad		
		hoch	mittel	niedrig
Unternehmensexterne Kriterien				
Markterwartungen	Erwartete Mindest-Marktgröße			
Technologieerwartungen	Erwartete technisch-technologische Realisierbarkeit (in Höchstdauer)			
Erwartete Gewinnaussichten	Langfristig erwarteter Marktanteil (Mindestgröße)			
Unternehmensinterne Kriterien				
Stärken 1)	Technologische Fähigkeiten (als Mindeststandard)			
	Fähigkeiten zum Markteintritt (Höchstzeitdauer)			
Mission 2)	Gewollte nahe Distanz oder ferne Distanz			
Unternehmensphilosophie	z. B. Vereinbarkeit mit starker Innovationsorientierung			

Abb. 6.16 Vorauswahl für Neuprodukte

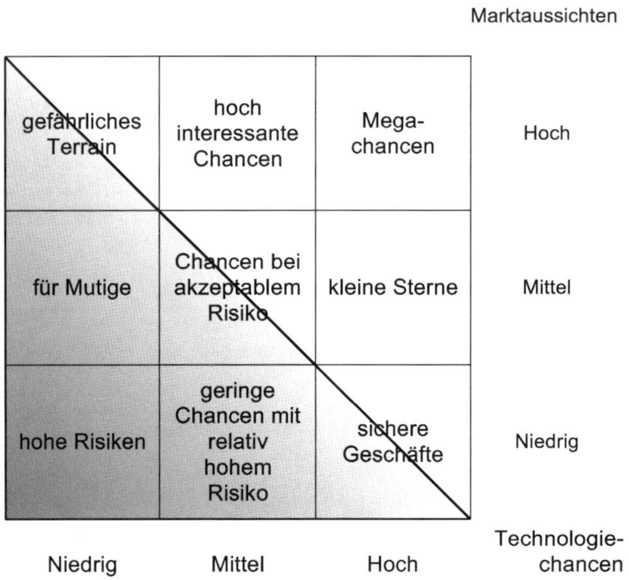

Abb. 6.17 Marktaussichten-Technologiechancen-Portfolio

> **Hinweis** Die Auswahl der Projektvorschläge wird in vielen Fällen an Stärken des Unternehmens anknüpfen, z. B. an die Nutzung von Kernkompetenzen mindestens eines Produktbereichs, in dem das Unternehmen in der Gegenwart tätig ist.

2. Marktaussichten-/Technologiechancen-Portfolio

Für jedes Projekt erfolgt die Vorausschau der Marktaussichten und der Technologiechancen. Setzt man auch für diesen Zweck die Nutzwertanalyse bzw. das Punktbewertungsverfahren ein, so ergibt sich aus der Kombination jeweils zweier Werte eine Positionierung jedes Projekts im Marktaussichten-Technologiechancen-Portfolio und im Marktaussichten-Marktrisikopotenzial-Portfolio. Das Marktaussichten-Technologiechancen-Portfolio enthält:

1. Bereiche mit Projekten, denen wegen ihrer Attraktivität eine hohe Priorität für eine Realisierung in der Planungsperiode und bei der Zuteilung von F&E-Ressourcen zuzuordnen sind.
2. Bereiche mit Projekten, für deren Realisierung eine Zuweisung von Ressourcen nur in beschränktem Maße gerechtfertigt ist, und
3. Bereiche mit Projekten, deren Realisierung und deren F&E-Einsatz selektiv zu erfolgen haben.

Abbildung 6.17 zeigt ein Modell eines Marktaussichten-Technologiechancen-Portfolios mit den genannten Bereichen.

Die hellen Felder repräsentieren den Bereich der prioritär zu realisierenden Projekte, die dunklen Flächen den Bereich der für eine Realisierung nur eingeschränkt zu empfehlenden Projekte. Die Mittelfelder von links oben diagonal nach rechts unten sind der Bereich der selektiv für eine Realisierung zu empfehlenden Neuproduktprojekte.

▸ **Hinweis** Das Resultat der Suche nach echt innovativen Produkten führt nach dem vorgeschlagenen Verfahren zu einer **Neuorientierung** des Unternehmens **als einem Konglomerat von Firmen.**

Suche nach lukrativen Auslandsmärkten 7

7.1 Wettbewerbsstrategische Ansätze bei Marktauswahl

Bei den ausgewählten innovativen Produkten gilt es, eine herausragende Marktposition aus der Markteinführungsphase heraus zu erarbeiten und diese langfristig zu erhalten. Um diese Vorgaben zu erreichen, lassen sich wettbewerbsstrategische Ansätze wählen.

Kostenführerschaft als Leitidee

Der wettbewerbsstrategische Ansatz der Kostenführerschaft beinhaltet, einen langfristigen Kostenvorsprung gegenüber den erwarteten Konkurrenten zu erreichen bzw. zu erhalten. Zu dem Maßnahmenkatalog dieses Ansatzes gehören u. a. (Porter 1987):

- ein Aufbau von Produktionsanlagen umfassender und effizienter Größe,
- Ausnutzen aller Chancen der Kostendegression u. a. m.,
- dauerhaft höhere Marktanteile als etwaige Wettbewerber und
- insbesondere Ausdehnung des Vertriebs auf ausgewählte Auslandsmärkten u. a. m.

Abbildung 7.1 zeigt den Prozess der Expansion der Absatzmenge durch das Engagement auf dem EU-Binnenmarkt und auf Drittlandmärkten, um auf diese Weise die angesprochene Erneuerungslücke (siehe Teil I) zu schließen.

Differenzierungsansatz als Ergänzung

In Anbetracht des hohen Neuigkeitsgrades Ihres Produkts wissen Ihre potenziellen Abnehmer nichts über dieses und ggf. wenig über Ihr Unternehmen. Die potenziellen Abnehmer verfügen jedoch über Urteile bzw. Vorurteile gegenüber dem Lande des Herstellers und seinen Produkten. In der Regel bestehen solche Images aus einer Mixtur von Fakten und konventionellen Stereotypen (Root 1982, S. 210).

G. Stahr, *Der Weg zu Weltinnovationen*, DOI 10.1007/978-3-8349-3725-4_7,

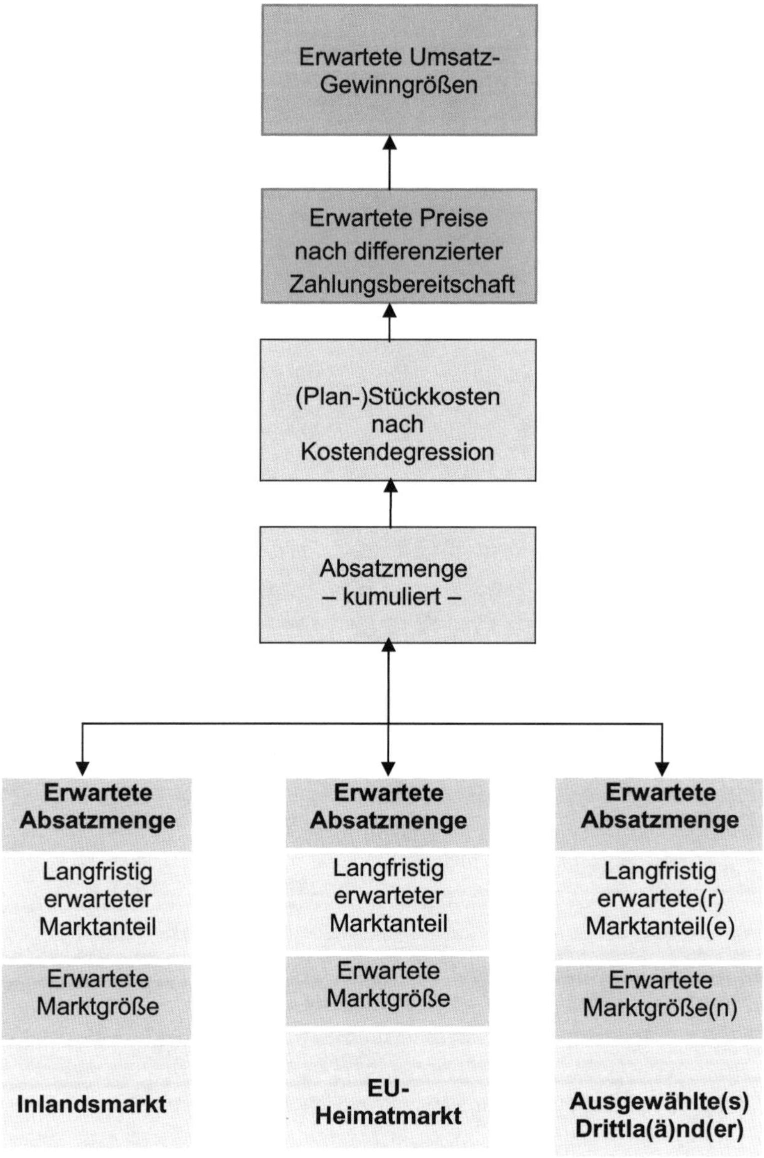

Abb. 7.1 Expansion der Absatzmenge durch Engagement auf Auslandsmärkten

Eine Vielzahl von Studien bestätigt die Bedeutung von „Made-in-Images" für den Absatzerfolg von Produkten im Ausland. Ganz allgemein belegen Abnehmer aus anderen Ländern Produkte deutscher Herkunft mit positiven Imagewerten.

Das Made-in-Image stellt damit eine Differenzierung im Wettbewerb dar und schirmt gegen Konkurrenz aus anderen Ländern ab. Innovative Produkte weisen mit ihrer Markteinführung eine gewisse Einzigartigkeit und Alleinstellung im Wettbewerb auf. Die Einzigartigkeit schafft zudem Markteintrittsbarrieren.

Als Beispiel sei das Resümee einer Umfrage unter Managern international agierender Unternehmen der Beratungsgesellschaft Ernst & Young genannt: „Made in Germany" weltweit hoch angesehen! (www.abendblatt.de). Allerdings befinden sich Made-in-Images in einem stetigen Wandel.

> **Hinweis** Erstes Warnsignal für den Standort enthält die genannte Studie insbesondere bei der Position „Qualität von Forschung & Entwicklung": Danach beurteilen die Befragten von 809 Unternehmen diese Position schwächer als bisher. „Deutschlands Position als Qualitäts- und Innovationsführer in Europa sei nicht in Stein gemeißelt", so P. Englisch, Autor der genannten Studie.

7.2 Vorgehen bei Auswahl von Auslandsmärkten

Abbildung 7.2 gibt eine mögliche Vorgehensweise bei der Auswahl bzw. Zuwahl von Auslandsmärkten wider. Wie oben gesagt geht es um die Vergrößerung der Vertriebs- bzw. Produktionsmenge durch Ausdehnung des Absatzes auf das Ausland:

> **Tipp** Den **eigenen Inlandmarkt neu entdecken** und mit komplett neuartigen Produkten dort eine führende Stellung erarbeiten.

Zu diesem Zweck ist eine entsprechende Kernstrategie für den Inlandsmarkt zu erarbeiten.

7.2.1 Eigenes Land als Kernmarkt neu entdecken

Heimatmarkt als Leading Country?

Wie oben beschrieben bietet ein sogenanntes „Leading Country" mit Hochtechnologie-Image die besten Markt- und Technologievoraussetzungen für den weltweiten Markterfolg ausgewählter Produkt- und/oder Prozessinnovationen. Die Basis für eine solche konzentrierte Erneuerungsstrategie ergibt sich

- aus der Existenz anspruchsvoller Kunden,
- aus dem Vorhandensein kompletter Wertschöpfungsketten und
- aus der Konzentration vergleichbar innovativer Wettbewerber als kombinierte Erfolgsfaktoren.

Potenzielle Abnehmer in aller Welt werden eine herausgehobene Marktposition im eigenen Leader-Land als Beweis für hochwertige Qualität sehen. Damit baut auf dieser Kernstrategie der Erfolg auch im internationalen Geschäft auf (Yip 1996, S. 19 und S. 61).

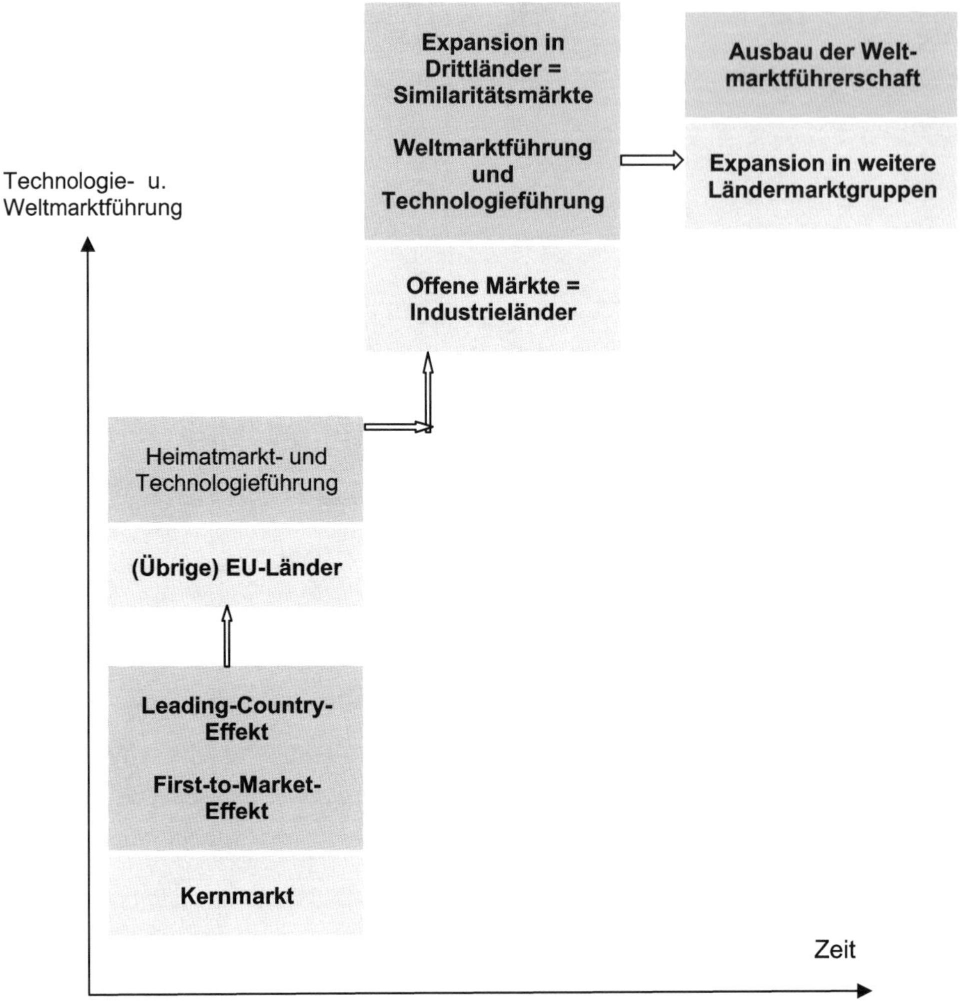

Abb. 7.2 Vorgehen bei Auswahl von Auslandsmärkten

Herausragende Wettbewerbsvorteile im Inland und der EU

In diesem Zusammenhang erscheint es lohnend, die Determinanten von Wettbewerbsvorteilen z. B. EU-europäischer und US-amerikanischer Unternehmen mit denen in China zu vergleichen (siehe Teil I, Abb. 4.7). In Abb. 7.3 erhalten Sie einen ausschnittartigen Überblick über die entsprechenden Determinanten der Wettbewerbsvorteile EU-europäischer Unternehmen (M. E. Porter (London Basingstoke 1992, S. 71 ff.) – der Gedanke des „Biotops" mit idealen Voraussetzungen für eine Erneuerung des Produktionsprogramms entstand spontan.

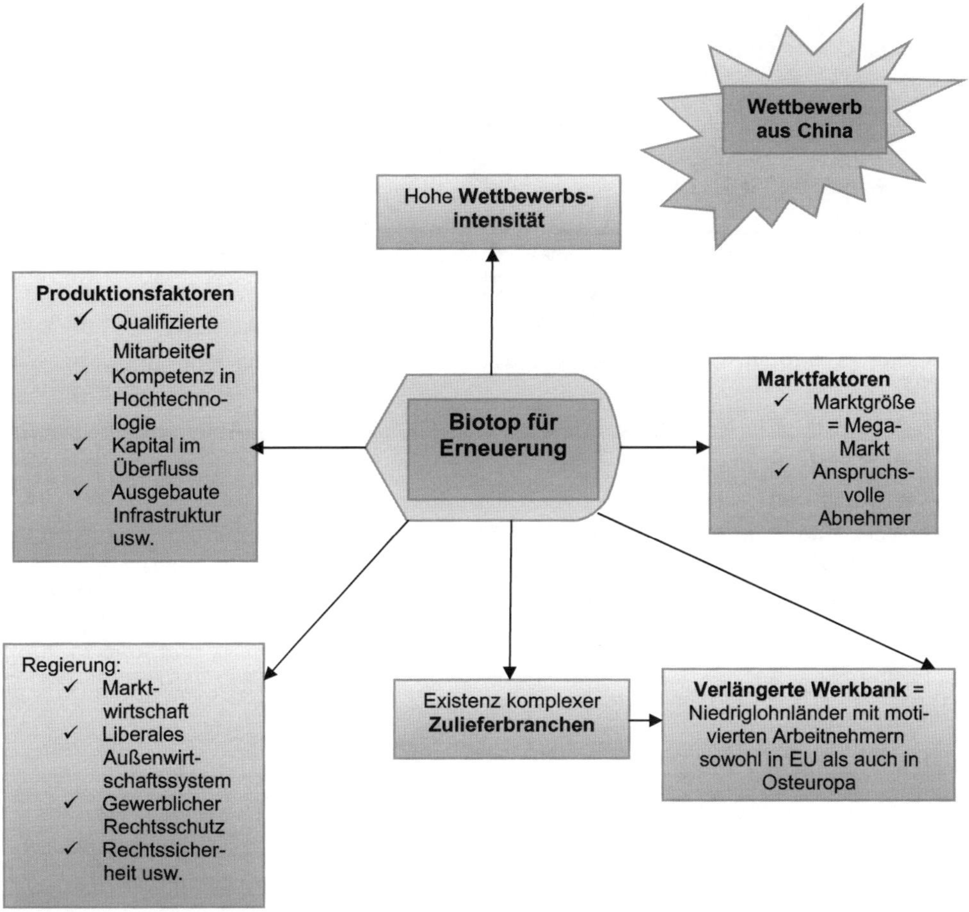

Abb. 7.3 Determinanten von Wettbewerbsvorteilen im internationalen bzw. globalen Geschäft deutscher und EU-europäischer Unternehmen

▸ **Hinweis** Falls es bei dieser Fülle von Wettbewerbsvorteilen im internationalen bzw. globalen Geschäft zu Fehlleistungen des Systems käme, lautete die Frage: Handelt es sich in solchen Fällen um ein sich selbst in seinem Fortschritt behinderndes System?

7.2.2 EU-Binnenmarkt – Ihr erweiterter Heimatmarkt

Als EU-Binnenmarkt definiert der EG-V (Art. 7a) einen „Raum ohne Binnengrenzen, in dem der freie Verkehr von Waren, Personen, Dienstleistungen und Kapital gemäß den Bestimmungen dieses Vertrages gewährleistet ist". Damit existieren für alle Arten von Waren rechtliche Bedingungen, die eine freie Vermarktung der Produkte in der gesamten Gemeinschaft, unabhängig vom Ort ihrer Herstellung, ermöglichen.

Grundsätze der Politik der EU-Kommission

Die Schaffung und stetige Weiterentwicklung des Binnenmarkts basiert im Wesentlichen auf zwei Prinzipien (Stahr 1995):

1. **Prinzip der Regelung des Wesentlichen**: Das Gemeinschaftliche Recht zur Beseitigung von Marktzugangsbeschränkungen wird überwiegend in Form von **Richtlinien** des Rates der Europäischen Union oder der EU-Kommission erlassen: Diese müssen, um ihre Wirkung zu entfalten, grundsätzlich in nationales Recht umgesetzt werden. Das heißt, das nationale Recht wird insoweit angepasst, als es die EU-Bestimmungen inhaltlich übernehmen muss. Ausnahmsweise kann eine Richtlinie, die von einem Mitgliedstaat nicht fristgerecht umgesetzt worden ist, unter bestimmten Bedingungen unmittelbare Wirkung entfalten. Zum Teil finden sich warenrechtliche Bestimmungen auch in **EU-Verordnungen**. Diese sind – ebenso wie nationale Gesetze und Verordnungen – unmittelbar geltendes Recht.
2. **Prinzip der gegenseitigen Anerkennung**: In den Bereichen, in denen es keine Gemeinschaftsregelungen gibt oder in denen gänzlich auf sie verzichtet werden soll, gilt Folgendes:

   - Jedes in einem Mitgliedsland rechtmäßig hergestellte und in den Verkehr gebrachte Erzeugnis ist in einem anderen Mitgliedstaat verkehrsfähig, es sei denn
   - entgegenstehende einzelstaatliche Regelungen sind notwendig und daher hinzunehmen, um zwingenden Erfordernissen (z. B. Schutz der Gesundheit, Lauterkeit des Handelsverkehrs, Schutz vor Irreführung und Täuschung) gerecht zu werden.

Dies bedeutet beispielsweise, dass ein Produkt, das nach den gesetzlichen Anforderungen des Mitgliedstaates A hergestellt wurde, auch dann im Mitgliedstaat B auf den Markt gebracht werden kann, wenn es den dortigen gesetzlichen Anforderungen für diese Produkte nicht entspricht. Über die „Andersartigkeit" muss der Verwender/Verbraucher ggf. durch eine spezielle Kennzeichnung unterrichtet werden. In der Regel wird es ausreichen, dass er sich an der allgemeinen Kennzeichnung orientiert.

Sollten sich Behörden oder Mitbewerber anderer Mitgliedstaaten der Vermarktung nach deutschem Recht hergestellter Erzeugnisse widersetzen, so ist das genannte Prinzip gerichtlich durchsetzbar – in letzter Instanz vor dem EuGH.

Worauf Sie achten sollten

1. Erfassen Sie die für den Bereich der von Ihnen vorgesehenen innovativen Produkte geltenden oder in Vorbereitung befindlichen EU-einheitlichen Vorschriften.

2. Antizipieren Sie zukünftige Entwicklungen, indem Sie entsprechende Kommissionsvorschläge frühzeitig ermitteln.
3. Erfassen Sie das übrige nationale wie das britische, französische oder italienische Recht. Antizipieren Sie auch dort Veränderungen des jeweiligen nationalen Rechts.

Auf diese Weise sind Sie ggf. in der Lage, im Inland Produkte herzustellen, die ein Hersteller aus einem anderen EU-Land aufgrund der dortigen nationalen Gesetzgebung nicht herstellen darf. Umgekehrt ist es zulässig, Produkte aus einem anderen EU-Land zu Ihrer eigenen Sortimentsergänzung hinzuzukaufen, die Sie aufgrund der deutschen Vorschriften nicht produzieren dürfen.

Bildung von EU-Ländergruppen nach Marktaussichten

Für die Auflistung bzw. Gruppenbildung der EU-Mitgliedsländer nach Marktaussichten für innovative Produkte verfügen Sie über eine Reihe von Optionen:

1. **Hauptkriterium: Gruppierung nach geografischen Kriterien** und damit einer Zuordnung von Ländern nach deren geografischer Lage, also in Nord-, Ost-, Süd- und West- sowie Zentraleuropa,
2. **Hauptkriterium: Gruppierung nach wirtschaftlichem Entwicklungsstand bzw. wirtschaftlicher Leistungsfähigkeit** der Länder in der nahen Zukunft mit Indikatoren wie BIP pro Land und BIP pro Kopf, Anzahl der Einwohner, Einkommensverteilung bzw. Anteil der frei verfügbaren Kaufkraft u. a. Auch in der nahen Zukunft wird es innerhalb der EU und im Vergleich zu den der EU assoziierten Ländern relativ große Unterschiede bei der Kaufkraft geben.
3. **Hauptkriterium: Gruppierung nach der Entwicklung der Wirtschaftsstruktur,** also Untergliederung in Wirtschaftszweige bzw. Branchen und nach Unternehmensgrößen in große, mittlere und kleine Unternehmen als potenzielle Abnehmer sowie nach deren Kauffähigkeit. Besonders wesentlich ist eine Analyse des Wandels der Wirtschaftsstruktur in Vergangenheit, Gegenwart und naher Zukunft. Auf diese Weise ist die Betroffenheit durch den sogenannten China-Code (siehe oben, Teil I) zu beschreiben wie „Ganze Branchen wie die Textil- und Schuhindustrie haben Länder wie Portugal verlassen – ohne dass Ersatzindustrien (und entsprechende Arbeitsplätze) entstanden sind" usw. Ggf. existiert ein Phänomen der relativen Verarmung der Verlierer des sogenannten China-Code.
4. **Hauptkriterium: Transformationsgrad des Rechts- und Wirtschaftssystems** in eine EU-gerechte Form, anwendbar insbesondere auf Länder im Status des sogenannten Beitrittskandidaten bzw. Länder mit Assoziierungs- und Kooperationsabkommen. Als Indikatoren eignen sich u. a.:

   - der Grad der Überführung von Staatseigentum an Produktionsmitteln in Privateigentum und
   - bei Beitrittskandidaten und/oder der EU assoziierten Staaten:

- Vereinbarkeit der Gesetzgebung des Landes mit den Rechtsvorschriften der EU
- Übersicht über diejenigen Rechtsbereiche, die das neue bzw. künftige Beitritts- oder Assoziierungsland ändern muss (müsste), damit sein Recht zu einem bestimmten Zeitpunkt in der Zukunft mit dem gemeinsamen Besitzstand (sogenannter A. C. = „Aquis Communitaire“) der älteren EU-Länder vereinbar sein wird

5. **Weitere Hauptkriterien wie sogenannte Kulturdimensionen und die sogenannte Life-Style-Segmentierung** (Hofstede 1980, 1983, 1991, 1992) eignen sich z. B. zur Bildung von Ländergruppen für die Standardisierung der Kommunikationspolitik und für eine Differenzierung von Euro-Marketing-Konzepten (vgl. z. B. GfK-Life-Style-Segmentation für 38 Länder, siehe www.gfk.com).

Zuordnung und Rangordnung von EU-Ländern

Eine häufig praktizierte Bildung von Ländergruppen untergliedert die EU-Länder im ersten Schritt nach geografischen Faktoren und ordnet diesen im zweiten Schritt wirtschaftliche Indikatoren zu. In einem dritten Schritt sind die Einzelländer innerhalb der EU-Ländergruppen in eine Rangfolge zu bringen.

Als „Leading Countries“ in der Europäischen Union definieren Sie sodann diejenigen Länder mit dem z. B. für das Jahr 2030 höchsten prognostizierten Bruttoinlandsprodukt (BIP) gesamt und/oder nach der Höhe des BIP pro Kopf sowie nach der erwarteten Einwohnerzahl der einzelnen Länder.

Folgerungen

Die angesprochenen Größen spiegeln einmal die Marktaussichten und z. B. die Unterschiede in Kaufkraft bzw. Kauffähigkeit der Konsumenten in der EU der Zukunft wider. Wollen Sie die Erfolgschancen (Absatz, Umsatz, Gewinn) ausschöpfen, so bietet sich als strategische Vorgehensweise eine Aufspaltung des Angebots auf grundsätzlich gleichartige Produkte mit polarisierten Qualitäten und einer entsprechenden Aufgliederung der Preise an.

Das 21. Jahrhundert – das europäische?

Welches der vier Mega-Zentren (siehe auch unten) der Weltentwicklung wird sich auf der Skala der „reichsten, modernsten und schönsten Regionen der Welt“ im Laufe des 21. Jahrhunderts am besten behaupten? Im Wettbewerb stehen Süd-Ost-Asien mit China sowie Japan und Süd-Korea, Süd-Asien mit Indien und Indonesien, Nord-Amerika mit den USA und Kanada sowie die EU-Region Europas (Perlitz 1999, S. 15 ff.).

Unter folgenden Annahmen könnte Europa die „Nase zum Abschluss des Jahrhunderts deutlich vorne“ haben:

- Europa gelingt es, den europäischen Einigungsprozess erfolgreich zu gestalten.
- Europa gelingt es, dass die Länder Zentral- und Osteuropas deren Prozess der Konvertierung ihrer Wirtschaft erfolgreich durchführen und Erfolge im Bereich des wirtschaftlichen Wohlstands erzielen.

- Europa gelingt es, einen Vorsprung im Bereich des sogenannten Innovationsmanagements zu erringen, das heißt, die Umsetzung technisch-technologischen Wissens in erfolgreiche innovative Produkte gelingt in dieser Weltregion besser als in den übrigen.
- Europa gelingt es als Folge eines starken Euros, die Rohstoffpreise in einer Dollar-/Euro-Notierung zu fixieren.
- Europa gelingt es besser als anderen Ländern, den sogenannten China-Code zu entziffern (siehe Teil I) u. a.

7.2.3 Suche nach lukrativen Drittlandmärkten

Als Maßstab der Entscheidung, in welchen Drittländern Sie sich mit dem Vertrieb Ihrer Neuprodukte engagieren wollen, eignet sich deren erwartete Lukrativität. In diesem Zusammenhang sind die Begriffe Attraktivität und Lukrativität gegeneinander abzugrenzen. Der Begriff der **Attraktivität**, wie er hier verwendet wird, bedeutet ganz allgemein, dass es sich um Ländermärkte mit guten Geschäftsaussichten in der Zukunft handelt. Der Begriff **Lukrativität** beinhaltet, dass es um Ländermärkte mit hohen Umsatz- und Gewinnerwartungen für die Zukunft geht.

Marktgrößen-Vervielfachung durch Auslandsmärkte

Eine Vervielfachung der Marktgröße des eigenen Heimatmarktes (EU-Binnenmarktes) lässt sich erreichen, indem das Unternehmen außerhalb der EU nach sogenannten Drittlandmärkten mit folgenden Charakteristika sucht:

Charakteristika potenzieller Abnehmer:

- mit einer ähnlichen Struktur der Bedürfnisse und/oder
- mit einem vergleichbaren Anforderungsprofil an die ausgewählten innovativen Produkte und
- mit einer ähnlichen Zahlungsbereitschaft u. a.

Charakteristika der Ländermärkte:

- ohne gravierende Marktzugangsbarrieren und
- mit einem freien Zugang zu den bestgeeigneten Vertriebswegen u. Ä.

Man spricht bei dieser Art von Ländermärkten von sogenannten Similaritätsmärkten.

Wettbewerbsvorteile aus zeitgleicher Erschließung

Die zeitgleiche Erschließung des Heimatmarktes und der sogenannten Similaritätsmärkte erlaubt es dem Unternehmen, gleichzeitig mehrere entscheidende Wettbewerbsvorteile sozusagen mit „Drei-auf-einen-Streich“ zu realisieren:

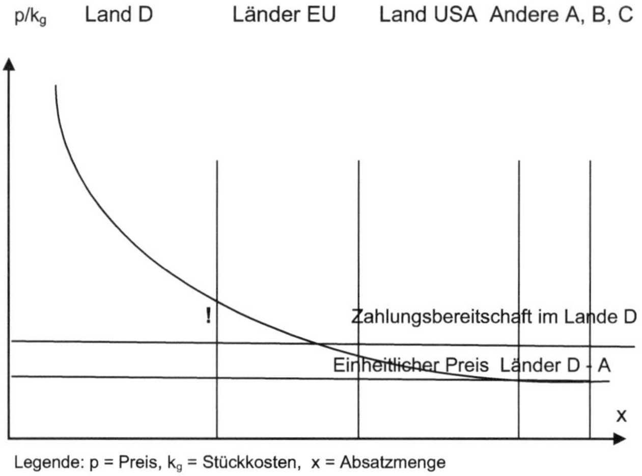

Abb. 7.4 Absatzmengen, Stückkosten und Preisakzeptanz

1. Kostendegressionseffekt bzw. langfristige Kostenführerschaft: Die addierten (potenziellen) Absatzmengen erlauben es, bei der Fertigung höherer Stückzahlen durch Kostendegression eine erhebliche Senkung der Stückkosten zu realisieren.
2. Optimale Reaktion auf die Zahlungsbereitschaft potenzieller Abnehmer: Liegt beispielsweise der für das innovative Produkt vom potenziellen Abnehmer erwartete bzw. akzeptierte Preis im Heimatmarkt (siehe Abb. 7.4!) unterhalb der Plan-Stückkosten bei dieser Menge, so weist die gleichzeitige Belieferung weiterer Länder, wie oben gezeigt, den Ausweg.
3. Das Unternehmen erschließt demnach zeitgleich (nach dem sogenannten Sprinklermodell) den Inlandsmarkt D, den EU-Heimatmarkt und die Ländermärkte USA und „andere Länder A, B … *m*". Abbildung 7.4 spiegelt wider, welche Absatzmengen in diesen Märkten zu erwarten sein werden. In die Darstellung wurde die Zahlungsbereitschaft bzw. Preisakzeptanz im Lande D integriert. Abbildung 7.4 verdeutlicht gleichzeitig den Verlauf der Stückkostenkurve.

Target-Pricing

Aus der Abb. 7.4 lässt sich ableiten, dass allein die gleichzeitige Erschließung der drei bzw. vier Ländermärkte (Ländergruppen) Absatzmengen erwarten lässt, die es erlauben, für alle drei bzw. vier Ländergruppen einen einheitlich niedrigen Zielpreis festzulegen (Backhaus et al. 1996). Das Konzept des Target-Pricings stellt die Frage in den Mittelpunkt: Welchen Preis erlaubt der Markt bzw. was darf ein Produkt kosten?

- Dieser Preis hat den Preiserwartungen sämtlicher potenzieller Abnehmer in allen 4 Ländern zu entsprechen (Preisakzeptanz).

- Unterschiedliche Preissetzungen für alle vier Länder, die ein Gewinnoptimum erwarten lassen, sind möglich. Diese Preise berücksichtigen, dass von Land zu Land signifikante Unterschiede im Hinblick auf die Zahlungsbereitschaft existieren (können). Die Preisunterschiede haben die relativ niedrigen Transaktionskosten und die hohe Arbitrageneigung der potenziellen Abnehmer mit erwartungsgemäß nachteiligen Parallelimporten zu berücksichtigen.

Worauf Sie achten sollten

Es muss sich um Länder handeln, bei deren Marktzugangsbarrieren keine gravierenden Veränderungen im Laufe des gesamten Lebenszyklus des Produkts zu erwarten sein werden. Länder, bei denen solche Veränderungen als eher wahrscheinlich erscheinen, sind für die Planung langfristiger Absatzaktivitäten außer Betracht zu lassen.

Folgerungen

Die so prognostizierten potenziellen Absatzmengen stellen ihrerseits Vorgaben für die Produktionsplanung dar. Damit lässt sich die Entwicklung der Stückkosten prognostizieren, die wiederum die Grundlage für die erforderlichen Marktpreise sein werden (siehe Target-Pricing).

▸ **Tipp** Die Tatbestände ermöglichen Ihnen, zur Abschöpfung der hohen Zahlungsbereitschaft von Avantgarde-Abnehmern mit einer Hochpreis-Strategie zu starten und danach in rasantem Tempo den Massenmarkt über relativ niedrige Zielpreise (bei allerdings relativ geringer Gewinnspanne pro Stück) zu erschließen.

7.3 Welt-Mega-Markt gesucht!

Riesige Dimension des Welt-Mega-Marktes

Die Herausforderungen der Gegenwart sind immens:

- Der Marktlebenszyklus für innovative Produkte verkürzt sich ständig (siehe Teil I).
- Der Zeitbedarf für die Entwicklung echter innovativer Produkte verlängert sich ständig (siehe oben) und
- die Entwicklungskosten für innovative Produkte steigen stetig an.

▸ **Folgerung** Absatz größtmöglicher Mengen weitestgehend standardisierter Produkte „weltweit" zu einem möglichst hohen Preis.

▸ **Gesucht** Welt-Mega-Markt für innovative Produkte

Den Welt-Mega-Markt definieren Sie als eine „Anhäufung von Auslandsmärkten", die Sie – nach dem Muster des EU-Binnenmarktes – als „Gemeinsamen Markt ausgewählter Staaten" auffassen können. Der Mega-Markt sollte idealerweise

- ca. 1.000.000.000 (= 1 Mrd.) kaufkräftiger Konsumenten erreichen,
- (wieder) hohe Wachstumsraten aufweisen,
- über eine frei konvertible Währung verfügen,
- Rechtssicherheit und Gleichbehandlung von In- und Ausländern garantieren,
- das Prinzips der gegenseitigen Anerkennung (siehe oben EU) gewährleisten.

Und der Mega-Markt sollte eine Gemeinschaft „zivilisierter Völker" repräsentieren, möglichst mit der Strahlkraft des früheren „American Dream"! Kurzum: Er soll eine Antwort auf die heranreifenden Milliarden-Märkte in China und Indien darstellen.

▶ **Zwischenüberlegung** Die **Messlatte für** sogenannte **Welt-Mega-Märkte** liegt im 21. Jahrhundert hoch: Die Länder China und Indien verfügen jeweils über einen Mega-Inlandsmarkt: Mehr als 1 Mrd. Konsumenten, stetig steigende Kaufkraft sowie mit dem chinesischen Yuan und der indischen Rupie eine jeweilige Binnenwährung.

▶ **Eine Zwischenbemerkung: Irrtum der Globalisierung** Die Globalisierung stellt keine irgendwie geartete Bildung eines „Welt-Binnenmarktes" dar. Es handelt sich auch um keine Strategie von Unternehmen. Am ehesten handelt es sich um ein Phänomen:

Globalisierung bedeutet einerseits eine Orientierung der Unternehmensleitung in dem Sinne, dass das Unternehmen die Bearbeitung des gesamten Weltmarktes ins Auge fasst. Andererseits ist damit die Standardisierung möglichst vieler Marketingstrategien und des Marketing-Mix zu begründen.

Doch die sogenannte Globalisierung richtet sich in erster Linie auf den Wettbewerb aus und weniger auf die Abnehmerseite. Globalisierung ist demnach ein Prozess, der sich auf die Wettbewerberebene bezieht. Demnach ist der Wettbewerb global. Nicht global sind dagegen die Konsumenten bzw. die Abnehmer oder die Marketingbedingungen des Umfeldes in den unterschiedlichen Ländern der Welt.

Auflistung relevanter Ländermärkte

Starten Sie die Suche nach den Elementen des Welt-Mega-Marktes (nach den Einzelländern, die den Welt-Mega-Markt für Ihre innovativen Produkte bilden können) mit der Auflistung sogenannter relevanter Ländermärkte. Diese kommen grundsätzlich für Ihr Engagement im Drittlandbereich in Betracht. Als Grundlage setzen Sie geeignete Informationsmaterialen wie die UN-Mitgliedsländerliste oder die Länderliste aus dem „Atlas Economique Mondial" (Atlaseco, Paris) ein. Oder Sie entnehmen entsprechende Auflistungen von Ländern aus Berichten von Banken wie Ratschläge für die Ausfuhr der Commerzbank AG oder aus Länderauflistungen von Kreditversicherungen.

Für eine derartige Auflistung verfügen Sie über eine Reihe von Optionen:

▶ **Marktgrößenorientierung** Sind Sie marktgrößenorientiert? Dann legen Sie eine Mindestgröße des Marktes für die eigenen Produkte fest. Als Indikatoren für die Marktgröße lassen sich den Absatz stark beeinflussende Größen wie die im Prognosezeitraum erwartete Entwicklung des BIP, des Pro-Kopf-Einkommens und der Einwohnerzahl (= potenzielle Anzahl von Konsumenten) oder die Produktion der Industrie bzw. der gewerblichen Wirtschaft als Orientierungsgrößen verwenden.

▸ **Vertriebsorientierung** Sind Sie vertriebsorientiert? Dann listen Sie – falls Sie im Bereich der Herstellung von Konsumgütern tätig sind und die innovativen Produkte über Großunternehmen des Handels vertreiben wollen – die Länder mit dem bisherigen und dem geplanten Marktengagement der internationalen/globalen Key-Accounts auf wie Wal-Mart, Carrefour oder Metro. Entsprechende Informationen liefern u. a. Firmenberichte, Internet-Auftritte z. B. www.walmart.com, www.carrefour.com, www.metrogroup.com und spezialisierte Fachzeitschriften.

▸ **Konkurrenzorientierung** Sie sind konkurrenzorientiert? Bei dieser Art der Auflistung konzentrieren Sie sich auf Märkte, in denen diejenigen Konkurrenzfirmen tätig sind, deren Produkte durch Ihre komplett innovativen Erzeugnisse ersetzt werden sollen. Auch in diesem Falle ergänzen Sie diese Länderliste um diejenigen Länder, in denen sich Ihre Wettbewerber in der nahen Zukunft engagieren wollen. Die entsprechenden Informationen erhalten Sie aus Geschäftsberichten, dem Internet-Auftritt dieser Unternehmen und den bereits genannten Fachzeitschriften.

▸ **Sicherheitsorientierung** Sie sind sicherheitsorientiert? In diesem Falle halten Sie sich an Länder mit akzeptablem Länderrisiko. Bei BERI S.A., Genf, finden Sie die Länder mit akzeptabler politischer Stabilität sowie unter Institutional Investors Country Rating und Euromoney's Country Risk Rating Länder mit hoher Zahlungsfähigkeit. Die BERI S. A. ergänzt die Risikolisten um Prognosen für Zeiträume von bis zu 10 Jahren.

Das Ergebnis der Vorausselektion von Drittlandmärkten besteht aus einer für das beabsichtigte Marktengagement des Unternehmens für die Zukunft relevanten Länderauflistung.

▸ **Hinweis und eine Zwischenbemerkung** Erscheinen Ihnen umfassende Analysen zur Auswahl von Auslandsmärkten zu aufwändig? Viele Länder befinden sich im Aufbruch oder Umbruch. War Ihnen z. B. vor dieser Analyse bewusst, dass sich von den 10 wachstumsstärksten Ländern der Welt einige auf dem afrikanischen Kontinent (s. u.) befinden?

7.3.1 Drittländer im Welt-Mega-Markt-Check

▸ **Tipp** Die so aufgelisteten Länder unterziehen Sie im nächsten Schritt dem Mega-Markt-Check!

Damit stellt sich die entscheidende Frage: Welchen Prüfkriterien müssen erwartet lukrative Ländermärkte genügen, um Elemente eines Mega-Marktes darzustellen? Eine mögliche Auswahl von Prüfkriterien finden Sie als Auflistung in der linken Spalte der Abb. 7.5.

7.3.2 Auswertung des Welt-Mega-Markt-Checks

Die Auswertung der umfassenden Datensammlung und Analyseergebnisse des Welt-Mega-Markt-Checks führt zu folgenden Ergebnissen:

- Auflistung von Ländern, die den Anforderungen des Mega-Markt-Checks entsprechen und damit Elemente eines weltweiten Mega-Marktes darstellen und
- Ländermärkte, die die wichtigsten Hauptkriterien nicht erfüllen: Gegebenenfalls sieht sich ein Unternehmen bei einem Engagement in diesen Ländern mit einem möglichen Schadenspotenzial (s. u.) konfrontiert.

Elemente des Welt-Mega-Marktes bestimmen

Nachdem Sie den Abgleich zwischen den Merkmalen der einzelnen Länder mit den Hauptkriterien des Welt-Mega-Markt-Checks durchgeführt haben, überführen Sie diejenigen Länder, die sämtlichen Anforderungen an einen Welt-Mega-Markt entsprechen, in eine entsprechende Auflistung (s. u.).

Sodann bringen Sie diese Länder in eine Rangordnung nach der Größe bzw. Höhe der erwarteten Marktaussichten für den Vertrieb der ausgewählten innovativen Produkte. Als Indikatoren eignen sich insbes. Größen, die in einer Korrelation zur Marktgröße des/der für die Markteinführung vorgesehenen innovativen Produkt(s)e stehen (= nach der Höhe des BIP absolut und/oder pro Kopf, ggf. nach Kaufkrafteinheiten). In diesem Zusammenhang empfiehlt sich eine Prognose der die Absatzchancen bestimmenden Größen bis zu einem festgelegten Zeitpunkt in der Zukunft, z. B. bis zum Jahr 2030 (s. u.).

Zuordnung weiterer Drittlandmärkte

Für die weitere Zuordnung von Ländern unterziehen Sie die aufgeführten Kriterien einer Gewichtung nach deren Relevanz. Als weniger relevant stufen Sie z. B. das Ausmaß der Marktbarrieren und den Zugang zu den Vertriebswegen ein. Außerdem ist für die Zuordnung der in Betracht kommenden Einzelländer auch der Grad der außenwirtschaftlichen Ausstrahlung des jeweiligen Landes zu erfassen. Darunter ist das Ausmaß der Handelsverflechtung zwischen dem betreffenden Land und dem Mega-Zentrum zu verstehen (= Erfassung der Außenhandelsverflechtung, gemessen am Umfang der Importe und Exporte,

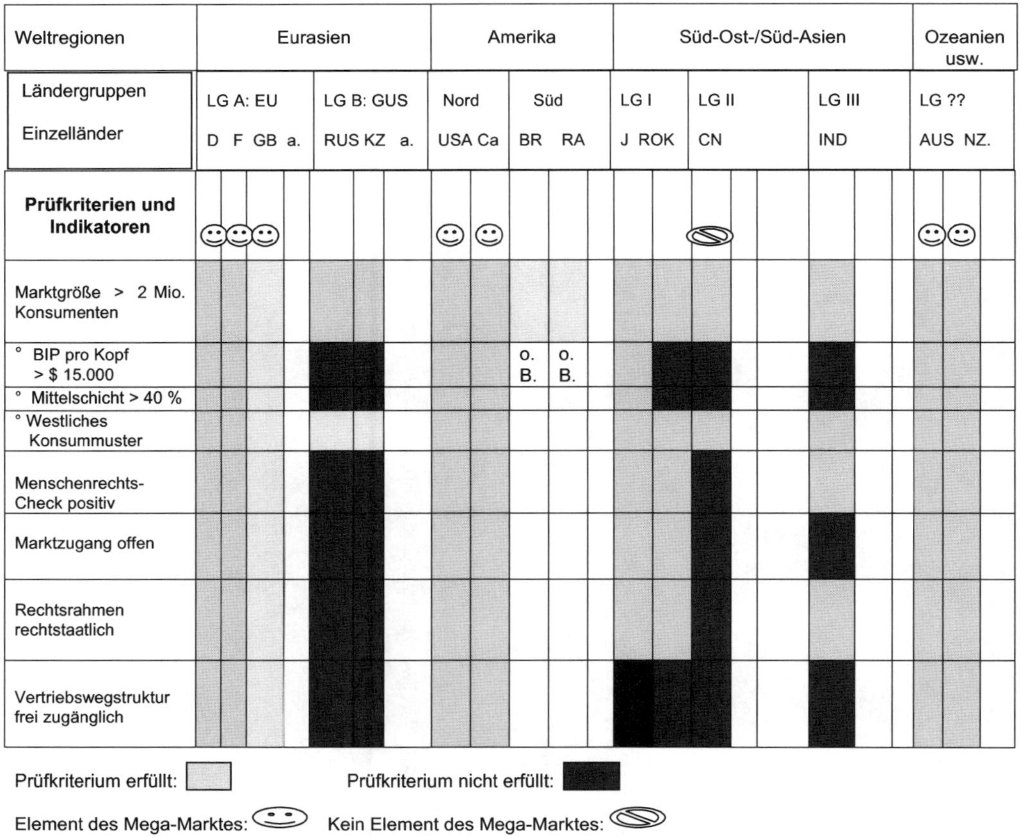

Abkürzungen: KZ = Kasachstan, BR = Brasilien, RA = Argentinien, CN = China, J = Japan, ROK = Süd-Korea, AUS = Australien, NZ = Neuseeland, o. B. = ohne Bewertung

Abb. 7.5 Prüfkriterien für Zuordnung zu Welt-Mega-Markt

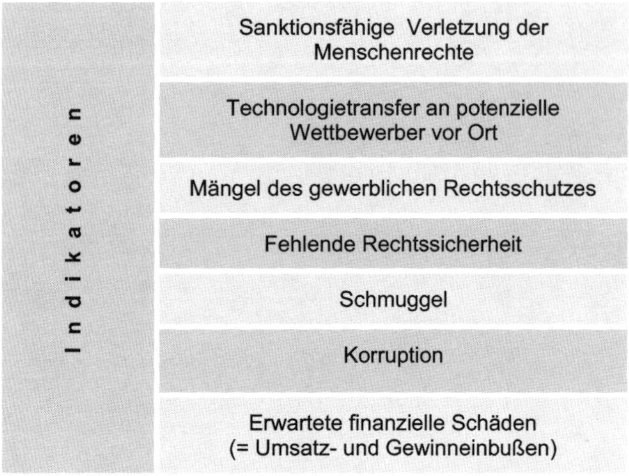

Abb. 7.6 Indikatoren zur Prognose eines langfristigen Schadenspotenzials

insbesondere gemessen als Anteil der Außenhandelsumsätze des betreffenden Landes mit dem Mega-Zentrum).

Ländermärkte, die wesentliche Teil-Kriterien des Mega-Markt-Checks erfüllen, sind beispielsweise Staaten wie Japan und Süd-Korea.

7.3.3 Länder mit langfristigem Schadenspotenzial

Weitere, je nach Betrachtungsweise, attraktive Ländermärkte, erfüllen – und das ist ein wichtiger Tatbestand – ausgewählte Hauptauswahlkriterien des Mega-Markt-Checks nicht. Zu diesen Kriterien gehören die fehlende Beachtung der Menschenrechte und das Ausmaß der Korruption. Zu diesen Ländern zählen – vermutlich auch bis zum festgesetzten Zeitpunkt in der Zukunft (etwa das Jahr 2030) Staaten wie China und Indien. Bei einem Engagement in diesen Ländern sehen Sie sich mit einer Reihe von Tatbeständen konfrontiert, die Ihre Gewinnchancen auf diesen Märkten bedrohen und damit ein Schadenspotenzial darstellen.

Als langfristiges Schadenspotenzial eines Ländermarktes definiert man eine Auswahl von Größen bzw. Ereignissen, die mit ihren Auswirkungen zu Gefahren des Verlusts an Umsatz und Gewinn führen. Sämtliche dieser Größen weisen als gemeinsames Merkmal auf, dass sie aus dem Verhalten ausländischer Regierungen resultieren und über das übliche Ausmaß an politischen Risiken hinausgreifen.

Zur Prognose des langfristigen Schadenspotenzials lassen sich insbesondere die in Abb. 7.6 gezeigten Indikatoren verwenden.

Damit Sie die Entwicklung der aufgeführten Indikatoren auf der Basis von geeignetem Sekundärmaterial prognostizieren können, sind diese möglichst exakt zu definieren und gegebenenfalls in Teilindikatoren zu untergliedern.

Sanktionsfähige Verletzungen der Menschenrechte

Wenn Sie in einem Staat investieren bzw. dort Ihre Produkte über eine eigene Tochtergesellschaft vertreiben wollen, sollten Sie aus den folgenden Gründen mit einem Imageschaden für Ihr Unternehmen und sogar für Ihre innovativen Produkte rechnen.

- Die Menschenrechtserklärung der UNO und Entwicklungen von deren Wahrnehmung in der weltweiten Öffentlichkeit haben dazu geführt, dass sich das Menschenrechtsregime gegen das Völkerrecht wendet und sich im Laufe der näheren Zukunft die Leitidee „Menschenrecht bricht Völkerrecht" durchsetzen wird (Beck 2009).
- Das gute Menschenrechtsgewissen eröffnet den Staaten (des Westens) sogar die Möglichkeit, im Rest der Welt in die Angelegenheiten fremder Länder dauerhaft hineinzuregieren. „Das Menschenrechtsregime begründet moralisch den Machtraum einer Weltinnenpolitik". Diese erlaubt den Einsatz militärischer Gewaltmittel überall als die Fortsetzung der Menschenrechtsmoral mit anderen Mitteln.

Bis hierin handelt es sich um „Theorie": Mit welchen Auswirkungen sollten Sie für Ihr Unternehmen rechnen?

- **Wirtschaftliche Sanktionen:** Als Langzeitwirkung könnte die Durchsetzung von Menschenrechten mit ökonomischen Sanktionen zum Gemeinschaftsziel der weltweiten Staatengemeinschaft werden.
- **Gegenmacht der Konsumenten:** Eine wesentliche Bedeutung für die Beobachtung sanktionsfähiger Menschenrechtsverletzungen kommt bereits gegenwärtig NGOs wie Amnesty International oder Ärzte ohne Grenzen zu. Diese dokumentieren auch den Terrorismus eines Staates gegen seine eigenen Bürger. Diesen Menschenrechtsaktivisten gelingt es in zunehmendem Maße, sich im Inneren und Äußeren in Netzwerken länderübergreifend zu organisieren. Damit könn(t)en diese Akteure die Gegenmacht der globalen Zivilgesellschaft in Gestalt politischer Konsumenten gegen Ihr Unternehmen aktivieren. Dies gilt insbesondere für den Fall, dass Ihr Unternehmen die Regierungen solcher Staaten durch sein wirtschaftliches Engagement unterstützt. Die Gegenmacht der Konsumenten gegen international agierende Unternehmen basiert darauf, „dass sie immer und überall den Kauf verweigern können" (ebenda, S. 28). Gegen die Waffe des Nichtkaufens gibt es keine Gegenmacht. Anders ausgedrückt: Der Konsument, gut vernetzt, gezielt mobilisiert und transnationalisiert, lässt sich zu einer scharfen Waffe formen.

▸ **Hinweis** Der Käuferboykott richtet sich an Nicht-Mitglieder von NGOs und bedarf der Inszenierung bzw. einer gezielten Dramaturgie weltweit in den öffentlichen Medien. Die Waffe der Gegenmacht der Konsumenten ist nur dann scharf, wenn es gelingt, diese z. B. via Internet zu organisieren. Außerdem müssen die Konsumenten über Kaufkraft verfügen. Sämtliche genannten Voraussetzungen sind nur in den westlichen Industrieländern gegeben.

Technologietransfers an potenzielle Wettbewerber

Der bereits in der Gegenwart riesige, in rasantem Tempo wachsende Binnenmarkt Chinas, aber auch Indiens ist ein offensichtlich unwiderstehlicher Anreiz für beispiellose Zugeständnisse ausländischer Unternehmen beim Technologietransfer (Shenkar 2007). Zwei Formen solcher Zugeständnisse sind häufig:

1. Errichtung von Joint-Venture-Gesellschaften mit z. B. konkurrierenden chinesischen Partnerunternehmen: In deren Rahmen erfolgt der Technologietransfer.
2. Errichtung eines Forschungs- und Entwicklungszentrums in der Regel gemeinsam mit einem Wettbewerber vor Ort.

Beim Technologietransfer ist die Ausgangsbasis wichtig. Stellt der chinesische Partner die gleichen Produkte her, findet der Transfer über zwei Wege statt: Beim ersten Weg werden die im Joint-Venture ausgebildeten Mitarbeiter zu einem späteren Zeitpunkt in die eigene Firma des chinesischen Partners übernommen. Beim zweiten Weg baut der Partner Komponenten aus dem Joint Venture ungefragt in die eigenen Produkte ein, in der Regel unverändert oder allenfalls leicht modifiziert (Schröder 2011).

▶ **Hinweis:** Der Transfer von Technologien, die den eigenen Kernkompetenzen nahe sind, gefährdet auf längere Zeit die Wettbewerbsfähigkeit ausländischer Unternehmen u. a. auch auf deren Heimatmärkten.

Worauf Sie achten sollten

Kostengünstige Angebote aus China als Hebel des Technologietransfers: Bedeutende Unternehmen aus China gründen zurzeit in Deutschland und anderen Ländern der EU Repräsentationsbüros. Über diese erhalten sie Zugang zu Ausschreibungen in der Automobil- und Flugzeugindustrie u. a. In vielen Fällen bieten diese Unternehmen unter eigenen Herstellungskosten an. Mit den gelieferten Teilen erfahren die chinesischen Unternehmen genau, was in den kommenden Jahren an Innovationen geplant ist (Schröder 2011).

Mängel des gewerblichen Rechtsschutzes

Der gewerbliche Rechtsschutz umfasst das Patent-, das Geschmacksmusterschutz- sowie das Warenzeichen- und das Markenschutzrecht. Als konkrete Ausprägungen von Mängeln in diesem Bereich lassen sich bei Fälschungen und Plagiaten die beiden folgenden Formen erfassen:

1. Raubkopien (Bootlegs) beziehen sich auf die illegale Herstellung, den Vertrieb und die Verwendung eines Produkts sowie seines Designs. Beispiele sind das Kopieren von Software, die Nachahmung patentierter Herstellungsverfahren und die Herstellung eines Produkts auf der Basis seiner Konstruktionspläne.

2. Produkt- und Markenpiraterie (Product Counterfeiting): Hierbei handelt es sich um die Herstellung gefälschter Produkte wie Gucci-Taschen und den Vertrieb einzelner Komponenten eines Produkts unter deren Markennamen.

Fehlende Rechtssicherheit und ihre Indikatoren

Die Unabhängigkeit der Judikative bzw. des Gerichtswesens ist ein konstituierendes Merkmal der westlichen Demokratien. Das Fehlen des Prinzips der Gewaltenteilung ist ein wesentlicher Indikator für das Fehlen von Rechtssicherheit in einer Vielzahl von Ländern.

Der rechtliche Rahmen zum Schutz des geistigen Eigentums ist z. B. in China umfassend nach internationalen Standards geregelt, die denen der Berner Konventionen und dem Abkommen zum Schutz des geistigen Eigentums (TRIPS) entsprechen. Der rechtliche Rahmen reicht, wie die Erfahrungen zeigen, in China nicht aus. Da nach dem Verständnis der Richter Kopieren nichts Negatives ist, werden aufgrund dieses „Vorverständnisses" die kleinsten Änderungen gegenüber dem Original schon als ausreichend für die Erfüllung der rechtlichen Bestimmungen angesehen (Schröder 2011).

Schadenspotenziale öffnen sich in Fällen, in denen ein Land über keine unabhängige Justiz verfügt. Beamte, in vielen Fällen ohne juristische Ausbildung, fällen juristische Entscheidungen. Diese Entscheidungen wiederum können von anderen Beamten gekippt werden (Shenkar 2007).

Fällt eine Entscheidung zugunsten des ausländischen Unternehmens aus, folgen Probleme bei der Durchsetzung der Gerichtsurteile. Die Besonderheit insbes. in China besteht darin, dass dort die Kommunistische Partei, die Gesetzgebung, die Justiz und die Verwaltung eng miteinander verflochten sind.

Vorausschau des Umfangs des Schmuggels

Schmuggel fördert die Verbreitung von Produkt- und Markenpiraterie. Als Indikatoren für die Abschätzung des Ausmaßes dieses Phänomens eignen sich die folgenden:

- Anteil des Geschäfts mit gefälschten Produkten am Welthandel: Diesen Anteil schätzen Experten auf ca. 7 % des Welthandels (s. o., ebenda)
- Analyse und Prognose des Umfangs der Einfuhren solcher Produkte aus entsprechend zu identifizierenden Ländern
- Analyse und Prognose der Ausfuhr gefälschter Produkte in die benachbarten Länder, in Industrieländer sowie in Schwellen- und Entwicklungsländer
- Analyse und Prognose des Umfangs von Ein- und Ausfuhren gefälschter Originalteile und deren Montage bzw. Herstellung zu „originalen Produkten"

Umsatz- und Gewinneinbußen

Produktfälschungen, kopierte und gefälschte Produkte führen zu Umsatz- und Gewinneinbußen der meist ausländischen Hersteller der Originalprodukte, gegebenenfalls auch zu weltweiten Imageeinbußen. Die auf gewerblichem Rechtsschutz basierenden Branchen wie die Pharma- und Elektronikindustrie sind von geistigen Eigentumsrechten abhängig, um ihre hohen Entwicklungskosten und die Aufwendungen für die Markenbildung zu amortisieren. Wettbewerber aus Ländern, in denen die Herstellung gefälschter Produkte als lukratives Geschäft möglich ist, sparen bei F&E, bei Prozesstechnologie und bei Werbung. Und sie geben diese Wettbewerbsvorteile in Form niedriger Preise an ihre Abnehmer weiter.

Zusätzlich sind Marktanteile zu berechnen, die Produktkopien, Plagiate u. Ä. an der jeweiligen Marktgröße in ausgewählten Ländern erzielen. In China z. B. verlieren 2 von 5 ausländischen Unternehmen mehr als 20 % ihres Umsatzes. Bei einigen Produktkategorien haben Fälschungen die Originale als Marktführer abgelöst. Ein Beispiel ist die Nutzung der Windows-Software auf dem chinesischen Markt (Shenkar, ebenda).

▸ **Praktikerhinweis** Bei der Auswahl von Auslandsmärkten für komplett innovative Produkte handelt es sich um ein aufwändiges Verfahren. Der Aufwand ist gerechtfertigt. Die Ergebnisse verringern vor allem das Risiko von Fehlentscheidungen. Und er bewahrt Sie vor späterem Schaden.

▸ **Worüber man trefflich spekulieren könnte** Existiert eine bestimmte Höhe des Bruttoinlandsprodukts pro Kopf, von der an einer Bevölkerung die „persönliche Freiheit", „Rechtssicherheit", „Reisefreiheit" u. Ä. wichtiger werden als die Einkommenssteigerung für das „nächstgrößere" Auto? Vergleichen Sie die „revolutionären Bewegungen" in Polen und der Tschechischen Republik sowie in Ungarn mit möglichen Entwicklungen „anderswo"!

7.3.4 Entzauberung der Nachzügler-Märkte

Im Marktattraktivitäts-Risikopotenzial-Portfolio positionieren Sie die für ein Auslandsengagement als wichtigste identifizierten Drittländer, die die Kriterien des sogenannten Welt-Mega-Markt-Checks nicht erfüllen. Die Größe der Kreise (Abb. 7.7) repräsentiert die Höhe der Gewinnerwartungen zu einem bestimmten Zeitpunkt in der Zukunft für die einzelnen Länder. Diese Gewinngrößen korrigieren Sie um Schadens- bzw. Verlustgrößen. Abbildung 7.7 führt Ihnen die Verringerung früher optimistischerweise als hoch erwarteter Gewinne vor Augen. Damit vermindert sich auch die Lukrativität eines Engagements in den sogenannten BRIC-Staaten deutlich. Ist es übertrieben, von einer Entzauberung der Attraktivität dieser Länder zu sprechen?

▸ **Hinweise** Beachten Sie bitte zusätzlich die Positionierung derartiger Länder auf der Portfolio-Dimension des „allgemeinen Risikopotenzials". Hierbei handelt es sich um Länderrisiken, wie sie z. B. die BERI S. A. in ihren Berichten umfassend herausarbeitet! Informieren Sie sich unter www.berri.com.

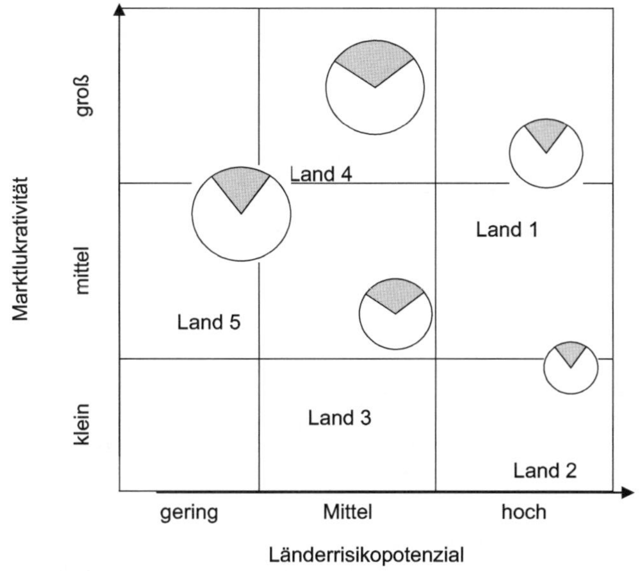

Abb. 7.7 Marktattraktivitäts-Risikopotenzial-Portfolio mit Einfluss von Schadenspotenzialen auf Gewinne. Legende: Kreisgröße = Umfang: Erwartete Gewinne; schraffierte Fläche = dessen Verringerung durch das zu erwartende Schadenspotenzial

7.3.5 Welt-Mega-Markt für Weltinnovationen

Der Welt-Mega-Markt-Check beantwortet auch die Frage: Welches Land, welche Ländergruppe bzw. welche Weltregion macht im 21. Jahrhundert das Rennen? Wer ist der Größte und Attraktivste im Wettlauf um Marktgrößen und Auslandsinvestitionen?

EU-Europa und USA als Welt-Mega-Markt-Zentren

Eine Analyse der Entwicklungen in der Welt ergibt eine eindeutige Feststellung: Es wird auch in der Welt des Jahres 2030 nur zwei etwa gleich große Elemente eines Welt-Mega-Marktes geben: Die EU-Länder und die USA weisen als sogenannte „Leading Countries" eine Führungs- bzw. Leitfunktion für die gesamte Ländergruppe auf. Allein diese Länder bzw. Weltmarktregionen erfüllen sämtliche Kriterien des Welt-Mega-Markt-Checks!

Aus organisatorischen Gründen empfiehlt es sich, nach geografischen Gesichtspunkten diesen beiden Zentren weitere Elemente des Welt-Mega-Marktes zuzuordnen.

Vergegenwärtigen Sie sich den Wandel!

Um sich das Ausmaß des Wandels bewusst zu machen, führen Sie einen Vergleich der Größen der Gegenwart mit den prognostizierten Weltmarktgrößen durch (Abb. 7.8)!

Welt-Megazentrum EU		**Welt-Megazentrum USA**	
Deutschland Großbritannien Frankreich Italien Spanien usw.	**EU-zuordenbar: = erfüllen sämtliche Kriterien** In Europa: Schweiz Norwegen Kroatien Island **Naher Osten** Israel **Europa = erfüllen wesentliche Hauptkriterien nicht:** Russland Türkei Ukraine **1)**	USA	**USA zuordenbar = erfüllen sämtliche Kriterien:** Kanada **Pazifisches Becken** Australien Neuseeland **Erfüllen weniger relevante Kriterien nicht:** Japan Süd-Korea **2)** **Ggf. Süd- und Mittelamerika 3)**

Abb. 7.8 Welt-Megazentrum mit zwei Leading-Country-Zentren und ihnen zuordenbare Länder

Anmerkungen zu Abb. 7.8

1) Weitere Länder in der Reihenfolge ihrer Kaufkraft in absteigender Rangfolge: Weißrussland, Serbien, Bosnien-Herzegowina, Albanien, Georgien, Mazedonien, Armenien, Moldawien und Kosovo
2) Ländermärkte, bei denen ausgewählte Prüfkriterien mit geringerer Relevanz nicht erfüllt sind: Diese sind durch den Einsatz unternehmensindividueller Strategien beherrschbar. Ähnlich wie sich nichttarifäre Handelshemmnisse und ein erschwerter Zugang zu bestgeeigneten Vertriebswegen durch Errichtung von Produktionsbetrieben und Vertriebsgesellschaften vor Ort überwinden lassen.
3) Als weitere Länder, die ggf. den USA zuordenbar sind, lassen sich insbesondere die südamerikanischen Länder wie Brasilien, Mexiko und Argentinien nennen. Ihr Anteil an der Weltkaufkraft betrug im Jahre 2010 ca. 8,4 %.

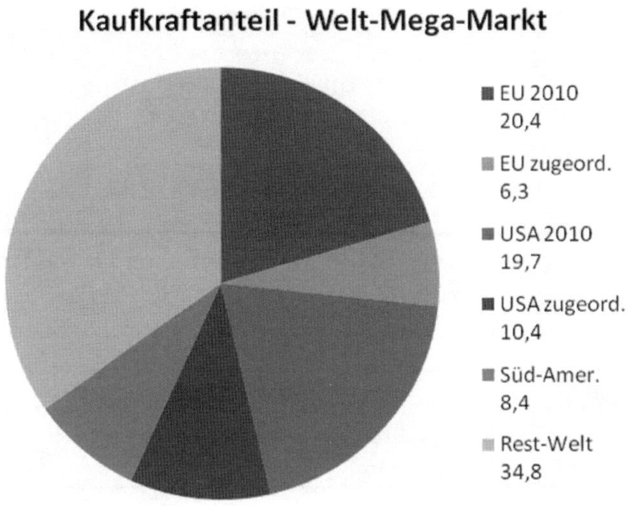

Abb. 7.9 Kaufkraftanteile der Märkte

Die Gesamtheit der beiden Megazentren mit den ihnen zugeordneten Einzelländern weist

- in der Gegenwart einen Anteil an der Weltkaufkraft in Höhe von ca. 40 % im Jahre 2010 auf. Dieser Wert ist um die Kaufkraft derjenigen Länder zu erhöhen, die dem jeweiligen Zentrum zuordenbar sind. Der EU sind danach weitere Länder mit einem Anteil von 6,3 % an der Welt-Kaufkraft und den USA Anteile von 10,5 % zuzuordnen. Süd- und Mittelamerika erreichen einen Anteil an der Weltkaufkraft von 8,4 %. Berücksichtigt man handelsvertragliche Regelungen mit der Meistbegünstigung, erreicht der Welt-Mega-Markt einschließlich der ihnen zuordenbaren Ländermärkte im Jahre 2010 einen Anteil von ca. 56 % – und einschließlich Südamerikas sogar einen Anteil von 65,2 %.
- Der Anteil an der Weltkaufkraft zum festgelegten Zeitpunkt in der Zukunft, also z. B. im Jahre 2030, wird sich bis dahin zwar verringern, aber weiterhin weit über 50 % der Weltkaufkraft ausmachen (s. u.).

Abbildung 7.9 beinhaltet die obigen Werte für das Jahr 2010.

Zwei weitere Welt-Mega-Märkte in der Entstehung

Die bisherige Auswertung der Marktauswahlanalysen ergab einen Welt-Mega-Markt mit zwei separaten Zentren. Außerdem ergibt sich aus den Analysen, dass sich zwei weitere Welt-Mega-Märkte – allerdings unterschiedlicher Art – in der Entstehung befinden.

Bei den beiden Letzteren handelt es sich um zwei Einzelländer, nämlich zum einen China und zum anderen Indien. Die VR China ist dasjenige Land in der Welt, das zu Beginn des 21. Jahrhunderts, um es in der Sprache des Sports auszudrücken, fast alle Titel in der

Welt der Wirtschaft auf sich vereinigen konnte: Größte Anzahl potenzieller Konsumenten, höchste Wachstumsrate des BIP, 1. Rang in der Anziehungskraft für Auslandsinvestitionen, Exportweltmeister, 2. Rang der Weltkaufkraft im Jahre 2015 und nach einer seriösen Prognose (s. u.) noch in den Teens des 21. Jahrhunderts: Größte Volkswirtschaft der Welt (National Bank AG, Juni 2010 – Nr. 5).

Indien durchläuft seit Jahren eine Phase rasanten Wirtschaftswachstums. Das Land verfügt über mehr als 1 Mrd. potenzieller Konsumenten – und es steigt stetig in der Rangfolge der Länder nach der Höhe des Bruttoinlandprodukts auf (nämlich von Rang 9 im Jahre 1990 über Rang 5 im Jahre 2010 auf Rang 3 im Jahre 2015 (Quelle: IWF).

Damit lassen sich China und Indien als jeweils eigene Welt-Mega-Märkte der Zukunft definieren! Es handelt sich um Länder mit je einem immensen Inlandsmarkt, einem einheitlichen Rechtssystem sowie einer einheitlichen Währung, nämlich Yuan und Rupie.

7.4 Wahl des richtigen Markteintrittszeitpunkts

Die beiden in der Entstehung befindlichen Mega-Märkte erfüllen jedoch nicht sämtliche der wichtigsten Hauptkriterien des Welt-Mega-Markt-Checks. Bei einem Marktengagement mit komplett innovativen Produkten in China und Indien ist Ihr Unternehmen ggf. von einem hohen Schadenspotenzial bedroht. Wie lässt sich dieses Dilemma lösen?

Als Option für eine Lösung bietet sich die Wahl des geeigneten Zeitpunkts für den Markteintritt an. Die folgende Übersicht und Abb. 7.10 beinhalten einmal die strategischen Optionen für die Wahl des Markteintrittszeitpunkts und zum anderen einen Katalog von Kriterien. Diese geben Hinweise darauf, dass im gegebenen Falle der sukzessive Markteintritt in die Welt-Mega-Märkte die bestgeeignete Variante darstellt.

Markteintrittszeitpunkte mit Alternativen	Simultaner Markteintritt	Sukzessiver Markteintritt	Intra-Ländergruppen simultan, Extra-Ländergruppen sukzessiv

1) **Simultane Markteinführung:** Die Erschließung der ausgewählten Ländermärkte erfolgt innerhalb einer relativ kurzen Zeitspanne gleichzeitig.
2) **Sukzessiver Markteintritt:** Das Unternehmen erschließt die Ländermärkte mit seinen innovativen Produkten in einer Rangordnung zeitlich nacheinander.
3) **Intra-Ländergruppen simultaner, Extra-Ländergruppen sukzessiver Markteintritt:** Bei diesem Ansatz erfolgt der Markteintritt in sämtliche Ländermärkte derselben Ländergruppe simultan. Das Unternehmen legt für die Erschließung unterschiedlicher Ländergruppen eine Rangfolge im Zeitablauf fest.

Indikatoren für Gleichzeitigkeit des Markteintritts	Indikatoren für Nacheinander des Markteintritts
✓ Existenz länderübergreifend gleichartiger Abnehmergruppen	✓ Existenz unterschiedlicher Abnehmergruppen bei gleichartigen Bedürfnissen mit Differenzierungserfordernissen, z. B. resultierend aus: potenzielle Abnehmer in einem Land mit mittlerem Einkommen, im anderen Land mit hohem Einkommen
✓ Gleichartige politische und soziale Rahmenbedingungen	✓ Unterschiedliche politische und soziale Rahmenbedingungen
✓ Geringe Markteintrittsbarrieren	✓ Hohe Markteintrittsbarrieren wie unterschiedliche administrative Strukturen
✓ Geringe Kosten der Überwindung von Markteintrittsbarrieren	✓ Unterschiedliche technologische Standards u. Ä.
✓ Gleichartige technologische Standards weltweit, damit Chancen zur Lizenzvergabe an potenzielle Wettbewerber	✓ Unterschiedliche erwartete Gegenmaßnahmen lokaler Wettbewerber u. a.
✓ Möglichkeit des gleichzeitigen Markterfolgs trotz begrenzter Ressourcen u. a.	
Langfristig-strategische Überlegungen	**Langfristig-strategische Überlegungen**
✓ Vorbeugung gegen potenzielle ausländische Wettbewerber 1)	✓ Vorbeugung gegen potenzielle ausländische Wettbewerber = Länderengagement als Abwehrmaßnahme gegen inländische Unternehmen vor Ort mit Angeboten von Plagiaten bei Verletzung des gewerblichen Rechtsschutzes, gegen Schmuggel usw.

Abb. 7.10 Indikatoren für die Wahl von Markteintrittszeitpunkten.
1) Hinweis: Ein „vorfristiges Engagement" empfiehlt sich hingegen in Ländern mit potenziell kurzfristig heranreifenden Konkurrenten wie beispielsweise in Japan (vgl. Schwerpunktbildung des MITI, siehe Abb. 6.13 oben)

Folgerungen aus dem Markteintritt

▸ **Tipp** Der sukzessive Markteintritt führt einmal zu einer zeitlichen Verlängerung des Produktlebenszyklus und zum anderen lasten Sie bestehende Produktionskapazitäten im Bereich des Welt-Mega-Marktes besser aus als ohne die Erschließung von Nachzügler-Märkten.

Worauf Sie achten sollten

Ist die Marktgröße auf einem Nachzügler-Markt größer als auf einem Element oder im gesamten Welt-Mega-Markt, so haben Sie hiermit einen weiteren Hinweis auf den hohen Sättigungsgrad dieser Märkte und auf die Position dieser Produkte in der Phase des Abstiegs im Marktlebenszyklus (siehe oben, Abb. 4.2 und 5.6).

7.5 Kleine Statistik zum Welt-Mega-Markt-Konzept

Abbildung 7.11 zeigt die Prognose eines Triumvirats.

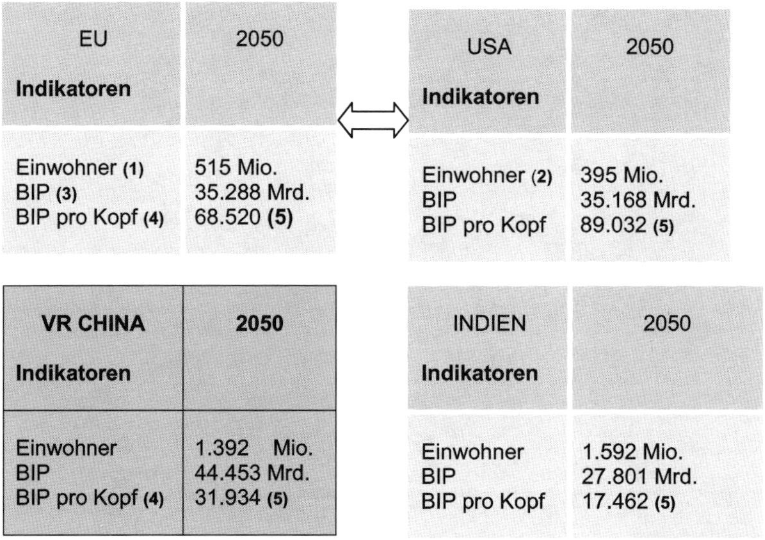

Abb. 7.11 **Triumvirat Welt-Mega-Märkte. Legende**: Pfeil = Absprachen zwischen der EU und den USA, nach denen bereits im Jahre 2011 97 % der gegenseitigen Exporte keine Probleme bei Aus- und Einfuhr in das jeweilige Marktgebiet verursachten (Verlautbarungen des BDI 2011).
Quellen:
(1) Arbeitskammer Österreich,
(2) Wikipedia, Weltbevölkerung,
(3) Goldman Sachs, s. www.geographic.org
(4) Eigene Berechnungen,
(5) Die Prognosewerte unter (5) weisen für sich genommen eine geringe Aussagekraft aus. Dieses ändert sich, wenn man Relationen bildet: Die Pro-Kopf-Kaufkraft wird danach um das Jahr 2050 in den EU-Ländern ca. 75 % (= 4/5) der US-amerikanischen, die in China hingegen nur ca. 1/3 (= ca. 35 %) und die in Indien sogar nur ca. 20 %, also 1/5 der US-amerikanischen erreichen

Und die nächsten Herausforderer sind in den Startlöchern!
Abbildung 7.12 zeigt die potenziellen Herausforderer.

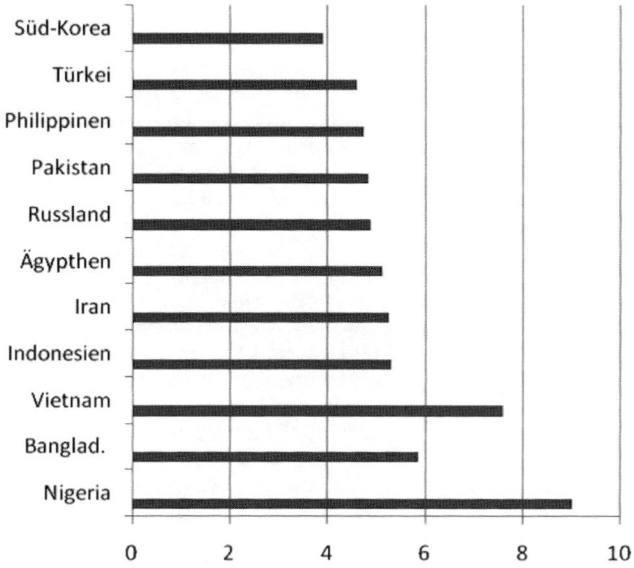

Abb. 7.12 Wirtschaftswachstum 11 ausgewählter Länder. Durchschnittliches Wirtschaftswachstum zwischen 2002 und 2009 (Quelle: National-Bank AG, Juni 2010 – Nr. 5)

Worauf Sie achten sollten: Ändert der Wandel die Spielregeln?

- Produkte, die Markenartikel waren, werden zu Handelswaren!
- Serien, die in der Vergangenheit Spezialitäten darstellten, werden zu Massenartikeln.
- Groß-Unternehmen sind die besten Partner füreinander. Dieses gilt insbesondere für die Großunternehmen des Handels in den Industrieländern. Deren Bestreben bei der Beschaffung folgt der Maxime: „Alles aus einer Hand!“
- Große Serien mit Kosten- und Preisvorteilen bestimmen die neuen Mega-Märkte bzw. die Handelsverbindungen zwischen ihnen.

7.6 Anhang: Afrikanisches Türöffner-Konzept

Die folgenden einzelnen Regionen Afrikas sollten von einem Land (Leading Country) aus bearbeitet werden! 1)

Südliches Afrika: Südafrika	**Östliches Afrika: Kenia**	**Westliches Afrika: Ghana**
Von Südafrika aus: Die Republik Südafrika ist mit 40% des gesamten afrikanischen Handelsvolumens Schwerpunkt und Motor des Kontinents. Das gesamte südliche Afrika stemmt die Hälfte des Handels Afrikas mit der Welt.	Kenia als stärkste regionale Wirtschaftsmacht gilt als der größte Profiteur der Wirtschafts- und Währungsunion East African Community (EAC). Höchstes Handelsvolumen innerhalb der Region: Exporte in die übrigen Mitgliedsländer 2009 etwa 1,2 Mrd. US$, knapp ein Viertel der Gesamtexporte. Dem standen Importe aus der EAC von nur rund 160 Mio. US$ gegenüber, d. h. ein Bruchteil der Gesamteinfuhren von 9 Mrd. US$. Dies belegt die Stärke der kenianischen Industrie innerhalb der EAC, wobei dessen größter regionaler Absatzmarkt in Uganda liegt.	Ghana als politisch stabiles Land gilt als Tor zu Afrikas zweitgrößtem Konsumentenmarkt Nigeria mit 155 Mio. Einwohnern und seit dem Mittelalter bis in die Gegenwart bedeutender Handelspartner für Mali und Senegal.
Märkte sind zu klein, um, sie getrennt zu bearbeiten.	Märkte sind zu klein, um, sie getrennt zu bearbeiten.	Märkte sind zu klein, um sie getrennt zu bearbeiten.
Handelsnetz wurde von Europäern aufgebaut.	Handelsnetz wurde von Ausländern aufgebaut: Inder und Chinesen	Handelsnetz wurde von Ausländern aufgebaut: Libanesen und Syrer

Entwicklungsgemeinschaft des Südlichen Afrika (SADC) Überschneidung mit Mitgliedern der EAC (Östliches Afrika)	East African Community (EAC), Wirtschaftsgemeinschaft, Zollunion unzureichend umgesetzt, in Planung: Währungsunion	Französischsprachige Länder der Westafrikanischen Wirtschafts- und Währungsunion benutzen den CFS-Franc. Economic Community of West African States (ECO-WAS), 15 Mitglieder, Zollunion, unzureichend umgesetzt
Seacom, ein unterseeisches Glasfaserkabelsystem, verbindet den Süden und Osten Afrikas. Die schnellen Breitbandverbindungen sparen Kosten und erhöhen die Konkurrenzfähigkeit.	Seacom (siehe links)	
Angola und Mozambique (mit ehemals sozialistischem Wirtschaftssystem) hatten gute Beziehungen zur ehemaligen DDR. Namibia hat 20.000 deutsch-stämmige Einwohner (auch Deutsch sprechend)	Tansania (mit ehemals sozialistischem Wirtschaftssystem) hatte gute Beziehungen zur ehemaligen DDR. Ehemalige deutsche Kolonie, Schwerpunktland für deutsche Entwicklungshilfe	

Afrika läßt sich in vier Gruppen von Ländern aufteilen

1. **Diversifizierte Wirtschaft:** In Subsahara-Afrika nur Südafrika
2. **Ölexportierende Länder mit wenig entwickelter Industrie:** Angola und Nigeria
3. **Stark wachsende Industrien mit Schlüsseldienstleistungen** wie Telekommunikation und Banken sowie niedrigen Lohnkosten: Ghana, Kenia und Senegal
4. **Geringe Basis**, weil kein stabiles politisches und rechtliches Umfeld: z. B. Kongo (Dem.), Äthiopien und Mali

Worauf Sie achten sollten

- In Afrika befinden sich 88 % der Platin- und 84 % der Chromvorkommen sowie eine Vielzahl weiterer wichtiger Rohstoffe.

- Die Anzahl der arbeitsfähigen Bevölkerung wird in 20 Jahren in Afrika größer sein als in Indien oder China.
- 2050 werden ein Drittel aller jungen Menschen auf der Erde in Afrika leben.
- Bis zum Jahre 2030 werden mehr als die Hälfte aller Afrikaner in Städten leben. Als Folge davon ist der Aufbau einer einkommensstarken Mittelschicht zu erwarten: Damit werden Chancen für deutsche Unternehmen bei Beratung und Verkauf von Produkten entstehen.

1) Autorin: Dipl.-Betriebswirtin Melanie Vollberg, Journalistin

Literaturverzeichnis

Aurich W, Schroeder HU (1972) System der Wachstumsplanung. Moderne Industrie, München

Backhaus K, Büschken J, Voeth M (1996) Internationales Marketing. Vahlen, Stuttgart

Beck U (2009) Macht und Gegenmacht im globalen Zeitalter. Suhrkamp, Frankfurt

Booz A, Hamilton (1968) Management of New Products. New York

Booz A, Hamilton (1982) New Product Management for the 1980's. Business & Economics, New York

Camp RC (1994) Benchmarking. Hanser Verlag, München Wien

Hamel G, Prahalad CK (1997) Wettlauf um die Zukunft. Ueberreuter, Wien

Hamel G (2000) Das revolutionäre Unternehmen. Econ, München

Mc Hamish R (1994) The World in 2020. HarperCollins, London

Hermanns A, Wissmeier, Urban K (1995) Internationales Marketing Management. Vahlen, München

Hofstede G (1980) Culture's Consequences: International Differences in Work-related Values. Sage, Beverly Hills

Hofstede G (1983) The Cultural Relativity of Organizational Practices and Theories. International Business Studies 1983(2):75

Hofstede G (1991) Cultures and Organizations: Software of the Mind. McGraw-Hill, London

Hofstede G (1992) Die Bedeutung von Kultur und ihren Dimensionen im internationalen Management. In: Kumar BN, Haussmann H (Hrsg) Handbuch der internationalen Unternehmenstätigkeit. CH Beck, München, S. 303

Homburg C, Krohmer H (2003) Marketingmanagement. Gabler Verlag, Wiesbaden

Hopfenbeck W (2002) Allgemeine Betriebswirtschafts- und Managementlehre, 14. Aufl. Moderne Industrie, Hamburg (10. Auflage, Hamburg 1996)

Horx M, Huber J, Steinle A, Wenzel E (2007) Zukunft machen. Campus, Frankfurt New York

Hünerberg R (1994) Internationales Marketing. Moderne Industrie, München

Kaku M (2006) Visions. Oxford University Press, Oxford New York Melbourne

Krubasik E (1988) Technologiemanagement für überlegene Innovationsstrategien. In: Henzler H (Hrsg) Handbuch Strategische Führung. Gabler Verlag, Wiesbaden

Lambin JJ (1989) Le Marketing Strategique, 2. Aufl. McGraw-Hill, Paris

Lück W, Trommsdorff V (Hrsg) (1982) Internationalisierung der Unternehmung als Problem der Betriebswirtschaftslehre. E. Schmidt Verlag, Berlin

Micic P (2003) Der Zukunftsmanager, 3. Aufl. Haufe, Freiburg Berlin München

Micic P (2006) Das Zukunftsradar. Gabal, Offenbach

Naisbitt J (2007) Mindset! Hanser Verlag, München

Porter ME (1987) Wettbewerbsstrategie. Campus, Frankfurt New York

Porter ME (1990) The Competitive Advantage of Nations. Macmillan Press, London Basingstoke

Perlitz M, Reinhardt M (Hrsg) (1999) Neue Märkte. Hanser Verlag, München Wien

Raffée H, Wiedmann K-P (Hrsg) (1985) Wertewandel und gesellschaftsorientiertes Marketing – Die Bewährungsprobe strategischer Unternehmensführung. In: Strategisches Marketing, S 552ff. E. Poeschel Stuttgart

Reichwald R, Dietel B (1991) Produktionswirtschaft. In: Heinen E (Hrsg) Industriebetriebslehre, 9. Aufl. Gabler Verlag, Wiesbaden, S 395ff

Root FR (1982) Foreign Market Entry Strategies. Amacom, New York

Shenkar O (2007) Chinas Jahrhundert. Finanzbuch Verlag, München

Stahr G (1995) Der Nischendetektor. CH Beck, München

Steinmüller K, Steinmüller A (2006) Die Zukunft der Technologien. Murmann, Hamburg

Walldorf EG (1987) Auslandsmarketing. Gabler Verlag, Wiesbaden

Winkelmann P (2004) Marketing und Vertrieb. Oldenbourg Verlag, München Wien

Yip GS (1996) Die globale Wettbewerbsstrategie. Gabler Verlag, Wiesbaden

Teil III
Durchstarten mit Vorausschau (VIS)

8 Es geht um alles! Vorsprung vor den Wettbewerbern!

Der Wettbewerbsvorsprung der Unternehmen aus den Post-Industrieländern gegenüber Unternehmen insbes. aus Schwellenländern ist – wie der Schnee in der Sonne – weggeschmolzen. Und so geht es in der Gegenwart um Alles.

Sowohl die Unternehmen als auch die Gesellschaften in den alten Hochindustrieländern benötigen Zeit, um das in ihnen angehäufte Wissen in allen Lebensbereichen in den Aufbau einer Gesellschaft nach der Industriegesellschaft umzusetzen. Anders ausgedrückt geht es darum, Spitzenplätze im weltweiten Wettbewerb zu erobern.

- **These 1** Erfolge von Unternehmen in der Vergangenheit verlängern sich in erstaunlich vielen Fällen nicht in die Zukunft! (Bitte vergegenwärtigen Sie sich, wie viele der Top-100-US-amerikanischen oder der deutschen Top-100-Unternehmen des Jahres 1980 sind 1995 und 2010 noch unter den größten. Die Antwort lautet erstaunlich wenige (siehe Teil I)!

- **These 2** Handeln wir jetzt: Mit neuen betriebswirtschaftlichen Instrumenten für den Aufbruch in die Erneuerung mit innovativen Produkten!

G. Stahr, *Der Weg zu Weltinnovationen*, DOI 10.1007/978-3-8349-3725-4_8,

Perspektivplanung für Weltinnovationen 9

Einerseits gilt es, ein Management- und Planungssystem zu entwickeln,

- das einer langfristigen Erneuerung des Produktionsprogramms durch Weltinnovationen dient.
- das den Herausforderungen der 21. Jahrhunderts, insbesondere dem Wettbewerb der Weltregionen um die Spitzenposition (s. o.), genügt und
- das eine Krisenprophylaxe ermöglicht. Dies bedeutet, dass das eigene Unternehmen in möglichst geringem Maße von den Wirtschaftskrisen der Zukunft betroffen sein sollte.

Dieses System bezeichnen wir als

▸ **Perspektiv-Planung** (mit einem Zeithorizont von 20 bis 30 Jahren).

▸ **These** Perspektivische Planung stellt die einzige Möglichkeit dar, langfristig erwartete, zukünftige Entwicklungen gedanklich systematisch zu durchdringen.

Andererseits bedarf die Perspektivplanung einer umfassenden Informationsgrundlage. Wir nennen das System, das diese bereitstellt,

▸ **Vorausschauinformationssystem (VIS)**.

▸ **Hinweis** Bei der perspektivischen Vorausschau handelt es sich um ein sogenanntes konzeptionelles Raster. Ein solches Raster selektiert wie ein Filter aus der Vielfalt der Ereignisse die relevantesten aus und reduziert dadurch die Mehrdeutigkeit und die Komplexität der Probleme sowie die Unsicherheit in Entscheidungssituationen (Müller-Stewens und Lechner 2003).

▸ **These** Uns stehen allein Prognosen mit der ihren eigenen Unsicherheit als Grundlage der Planung zur Verfügung. Die Alternative bestände darin, sich zukünftigen Entwicklungen ohne Vorbereitung auszusetzen!

G. Stahr, *Der Weg zu Weltinnovationen*, DOI 10.1007/978-3-8349-3725-4_9,

9.1 Allgemeiner Planungsbegriff

Über die Definition des Begriffs der Planung existieren in der Literatur äußert unterschiedliche Ansätze. Zu diesen und zur Diskussion der Sinnhaftigkeit der Planung sei auf die umfangreiche Spezialliteratur verwiesen.

Aus den dort angesprochenen Merkmalen und Vorschlägen für Begriffsinhalte lässt sich ein allgemeiner Planungsbegriff wie folgt definieren:

Planung beinhaltet alle Entscheidungen und Aktivitäten zur Gestaltung einer zukunftsbezogenen Unternehmensentwicklung. Das Ergebnis der Planung ist die Veränderung des Unternehmens gemäß den Zielen der Unternehmensführung (vgl. Glueck (1976) Business Policy usw. (Berens 2002)).

Besonderheit der Perspektivplanung

Die Besonderheit der Perspektivplanung besteht einmal in deren Langfristigkeit und zum anderen darin, dass sie ihre Maßnahmenprogramme vom Ergebnis her betrachtet, d. h. gesehen vom Abschluss der Planungsperiode aus. Anders ausgedrückt: Der Planungsprozess startet mit einem erwarteten bzw. gewollten Ergebnis bzw. Zustand der Unternehmensentwicklung in der Zukunft, der durch die Aktivitäten im Verlaufe der Planungsperiode zielgerecht zu realisieren sein wird (insbes. Hamel 2001; Hamel und Prahalad 1997). Damit nimmt die perspektivische Planung eine Bestimmung einzelner Schritte in Richtung auf den gewünschten Zustand retrospektiv vom Zeitpunkt des Abschlusses der perspektivischen Planung in der Zukunft vor. Dieser Planungsbegriff schließt die Planung perspektivischer Ziele, sogenannter Orientierungsziele, mit ein.

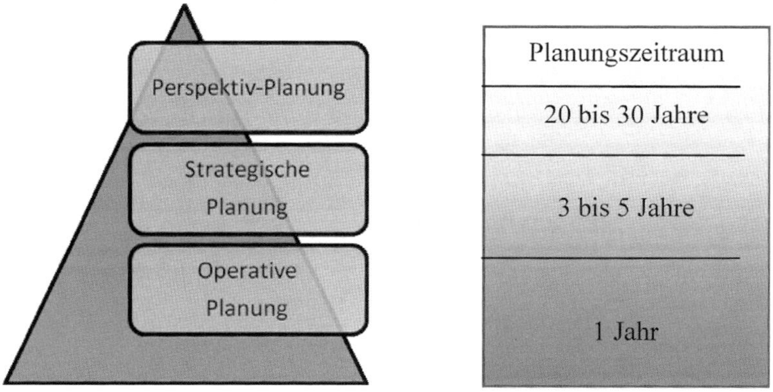

Abb. 9.1 Pyramide der Planungssysteme

Planungssysteme mit unterschiedlichen Zeithorizonten

Die Gesamtheit der Planungsaufgaben in einem Unternehmen lässt sich mit Hilfe dreier unterschiedlicher Planungssysteme lösen. Deren Aufgaben sind wie in Abb. 9.1 pyramidenförmig ineinander verzahnt.

Der kleine Durchmesser der Pyramide im oberen Teil der Abbildung weist auf den langen Planungszeitraum und den Grobplancharakter der Perspektivplanung hin. Die Basis der Pyramide verdeutlicht den zunehmenden Grad an Detaillierung und die zeitlich kurzfristige Abfolge der Realisierung von Projekten als Folge der Planungsarbeit. Die oben genannten Planungssysteme folgen also dem Prinzip der stetigen Konkretisierung von Planungsaufgaben im Zeitablauf.

9.2 Planungssysteme im Vergleich

Abbildung 9.2 enthält einen Vergleich zwischen den perspektivischen und strategischen Planungssystemen, indem sie wesentliche Merkmale und deren Auswirkungen gegenüberstellt.

▸ **Hinweis:** Der Vergleich erlaubt eine eindeutige Schlussfolgerung: Beide Planungssysteme ergänzen einander!

Merkmale	Auswirkungen
Optimierung von Gewinnpotenzialen durch stetige Erhöhung von Marktanteilen,	Längerfristig schafft dies Überkapazitäten, Preisdruck und Branchenkrisen.
Realisierung von Kostensenkungspotenzialen durch Prozessoptimierung,	Die Konzentration auf solche Prozesse konserviert traditionelle Geschäftsmodelle.
Definition von Bauteilen oder Varianten desselben Produkts als Innovation (s. S. ???),	Die Folge sind zu hohe Investitionen in veraltete Produkte. (s. S. ?? – S-Kurve)
Auswahl von Ländermärkten vorrangig nach dem Kriterium der Marktgröße bzw. nach Märkten mit hohen Wachstumsraten, unabhängig von Gesellschafts- und Wirtschaftssystemen,	Dieses Verhalten führt ggf. zur vorfristigen Weitergabe von Hochtechnologien an staatsnahe Unternehmen in Ländern mit andersartigen politischen Strukturen und hoher Marktgröße. Solche Staaten verfolgen häufig das Konzept einer „Beggar-my-neighbour-Policy" in einer neuartigen Gestalt.
Beschaffung von Rohstoffen unter kurz- bis mittelfristiger Betrachtungsweise. Ergänzen Sie!	Durch diesen Ansatz wird die langfristige Verfügbarkeit der Rohstoffe zu vertretbaren Preisen gefährdet.

Merkmale	Auswirkungen
Langfristige Überlegungen zur Existenzsicherung durch Nutzung von Perspektivpotenzialen	Dies führt zu echten Innovationen und Gewinnträgern der Zukunft.
Festlegung der Produkteigenschaften für Marktbedingungen der Zukunft	Die Herstellung solcher ist einfacher, effizienter, ressourcensparender und billiger.
Definiert ausschließlich komplett neuartige Produkte mit eigenem Marktzyklus als Innovation.	Investitionen erfolgen in komplett innovative Technologien; das Unternehmen handelt als Pionier.
Auswahlkriterien für Ländermärkte orientieren sich auch am sozio-kulturellen Umfeld.	Dies bedingt vorrangig die Auswahl von Märkten mit gleichartigem Entwicklungsstand und mit freiem Zugang oder geringwertigen Markteintrittsbarrieren. Länder mit hohen politischen Risiken bleiben für einen Markteintritt nachrangig und geraten gegebenenfalls in Zugzwang.
Wahl des Produktionsstandorts orientiert sich ebenfalls am sozio-kulturellen Umfeld.	Die Übernahme von Verantwortung für Kaufkraft und Beschäftigung in den Absatzländern kann mit dem Prinzip der Wettbewerbsfähigkeit, z. B. niedrigerer Lohnkostenanteil an den Gesamtkosten, gekoppelt sein, nämlich langjährige Entwicklung vollautomatischer Produktionsstätten in der Nähe grosser Absatzmärkte.
Vorausschauende, nachhaltige Beschaffung von Rohstoffen und Ersatzstoffen Ergänzen Sie!	Kernpunkte hierbei sind die Planung auf lange Fristen im Voraus, die Auswahl von Lieferländern nach Liefer- und Länderrisiken und die Suche nach neuartigen Ersatzstoffen, um einer Verknappung zuvorzukommen.

Abb. 9.2 Strategische und perspektivische Planung im Vergleich

Informationssystem für Perspektivplanung 10

Die Vorausschau als Informationssystem ist das Kernsystem der (langfristigen) Perspektivplanung. Sie umfasst:

- eine eindeutige Definition der Aufgabenstellung der Perspektivplanung,
- die Erarbeitung von Zukunftsbildern als Grundlage der Perspektivplanung nach Aufgabenstellungen,
- die Ermittlung des Informationsbedarfs sowie
- die Beschaffung, Aufbereitung, Analyse und Interpretation von Informationen über langfristige Entwicklungen im Umfeld und im Unternehmen.

Die Informationen dienen zur Fundierung von Entscheidungen zur langfristigen Entwicklung von Unternehmen auf 20 bis 30 Jahre im Voraus und als Grundlage der Erarbeitung entsprechender Perspektivpläne.

Der Begriff Vorausschau lässt sich mit dem amerikanisch-englischen Begriff „Foresight" übersetzen oder mit einem deutschen Begriff als „Fernzeiterkundung" bezeichnen.

Für die Erarbeitung eines funktionsfähigen Vorausschausystems stellen die im Folgenden genannten Ansätze (Fasse 1995) und Leitideen ein gedankliches Grundgerüst zur Verfügung:

1. **Analyseorientierter Ansatz:** Dieser Ansatz basiert auf analytischen Verfahren, aus denen sich Aussagen bzw. Informationen mit Vorlauf- bzw. Vorausschaucharakter ableiten lassen.
2. **Indikatorgestützter Ansatz:** Aufbau eines Systems von Informationsbereichen und -feldern, jeweils konkretisiert durch ein System von Indikatoren, die Veränderungen möglichst in einem zeitlichen Vorlauf anzeigen.
3. **Signalorientierter Ansatz:** Aufbau eines Informationssystems, das sogenannte schwache Signale auffängt und interpretiert.

G. Stahr, *Der Weg zu Weltinnovationen*, DOI 10.1007/978-3-8349-3725-4_10,

4. **Informationsorientierter Ansatz:** Dieser Ansatz formuliert einerseits eine Anforderung an den Informationsbedarf, andererseits stellt er eine Einschränkung für deren Beschaffung unter effizienten Kosten-/Nutzenaspekten dar.

Ein VIS, das den inhaltlichen Anforderungen in der Praxis entspricht, benötigt sämtliche der genannten Komponenten: So ist ein Signal auch ein Indikator und eine Information kann ein Signal sein (Lindner 2011).

▸ **Hinweis** Als Ausgangspunkt für ein leistungsfähiges VIS konzentrieren wir uns im Folgenden auf eine Kombination aus dem analyse- und dem indikatororientierten Ansatz.

10.1 Durchstarten mit dem VIS

Die Vorgehensweise bei der Vorausschau erfolgt in einem schrittweisen Prozess (Geschka und Reibniz 1983). Im Folgenden behandeln wir einige ausgewählte Aspekte der einzelnen Schritte dieses Arbeitsprozesses.

Aufgaben- bzw. Problemstellungen definieren

Von höchster Wichtigkeit für die Arbeit mit dem Vorausschau-Informationssystem ist die eindeutige Eingrenzung und Strukturierung der Aufgaben- bzw. Problemstellung und deren exakte Formulierung. Als Problem für die Planung und auch für das VIS definieren Sie eine für Ihr Unternehmen als unbefriedigend angesehene Situation in der nahen Zukunft (Berens und Delfmann 2002) wie die prognostizierte Erneuerungslücke (s. Teil I).

▸ **These** Die Themen- bzw. Aufgabenstellung bestimmt den Informationsbedarf!

▸ **Merksatz** Wer die falschen Fragen stellt, erhält auch falsche Antworten!
Oder:
Formuliert man das Problem falsch, löst man das falsche Problem!

Zuordnung von Analysen

▸ **These** Die Aufgabenstellungen und zu deren Lösung einsetzbare Analysen bestimmen den Informationsbedarf.

Der Einstieg in das VIS erfolgt demnach über eine Methoden- und Modellbank:

Die Methoden- und Modellbank beinhaltet insbes.		
Analyseverfahren aus wirtschafts- und sozialwissenschaftlichem Bereich insbes. aus dem Bestand der BWL	praxisgerechte **Entscheidungsmodelle**	vor allem mathematisch-statistische **Prognosemethoden** zur Ermittlung von Kennzahlen und Vergleichsrechnungen

Die Abb. 10.1 ordnet der oben definierten Problem- bzw. Aufgabenstellung jeweils Analysen und Teilanalysen zu 1).

Zuordnung von Indikatoren zu Analysetypen

Die Zuordnung der Indikatoren leitet sich aus den genannten Analysen bzw. Teilanalysen mit deren Hauptkriteriengruppen ab. Sie orientiert sich an sachlogischen Beziehungen zwischen den Größen. Auf diese Weise stellen Sie einen Katalog von Einzelindikatoren nach der Vorgehensweise zusammen, wie es die ebenfalls die Abb. 10.1 unter 2) erläutert:

Zuordnung von Analysen bzw. Teilanalysen zu Aufgaben = 1)		Zuordnung von Hauptkriterien und Ermittlung von Einzelindikatoren = 2)		Auswahl weniger Indikatoren = 3)
Aufgaben	**Analysen**	**Hauptkriterien**	**deren Indikatoren**	**Signifikante Indikatoren**
Beispiele aus Teil I:				
Abschätzung (Vorausschau) des Ausmaßes der Erneuerungslücke = Überalterung des Produktionsprogramms – bitte blättern Sie zurück zu S. ???	Analyse und Vorausschau der Position im Technologie-Transfer-Zyklus Analyse und Vorausschau der Position im Marktlebenszyklus	Verbreitung der Technologie Entwicklung von Export- und Import-Märkten Phasen des Marktzyklus	Produktionsbeginn in Schwellenländern Export- und Import-startzeitpunkte Marktgrößenentwicklung im Zeitablauf	Produktionsgrößen Export-/Importgrößen Marktgröße Marktwachstum Entstehung von Substitutionskonkurrenz
Beispiele aus Teil II:				

Suche nach innovativen Produkten (siehe oben, Teil I)	Langfristige Bedürfnis-Analyse und Vorausschau	Wandel der Bedürfnisse	Einstellungen Mega-Trends Weltweite Nachfrage	5-Top-Megatrends
	Analyse und Vorausschau der Verknappung von Rohstoffen	Rohstoffverknappung	Bekannte Vorkommensmengen	Dynamische Reichweite
			Attraktivität und Risiken von Lieferländern	Politisches Risiko der Lieferländer
	Analyse und Vorausschau des Klimawandels usw.	Analyse des CO_2-Gehalts der Luft usw. Globale Oberflächentemperatur	usw.	
Analyse und Vorausschau langfristig lukrativer Ländermärkte = Im Fokus: Welt-Mega-Märkte	Analyse und Vorausschau Welt-Mega-Markt-Test für Weltinnovationen (siehe oben)	Marktzugang u. a.	Außenhandelssystem Tarifäre, Nichttarifäre Handelshemmnisse	System der Zolltarife Lizenzsystem Gleich-/Ungleichbehandlung von In- und Ausländern
	u. a.	Schadenspotenzial	Mangel im gewerblichen Rechtsschutz	Umfang von Fälschungen/Plagiaten
		u. a.	Unabhängigkeit der Justiz	Mangelnde Durchsetzbarkeit von Urteilen

Abb. 10.1 Zuordnung von Analysen zu Aufgaben

Relativ stabile Indikatoren	**Langsam, exponentiell verändernde Größen**	**Unsichere, signifikante Indikatoren** **= signifikante Überraschungs-indikatoren**	**Unkalku-lierbare, also komplexe Variable als Indikatoren**
Anzahl der Berufs-anfänger, deren Qualifikation	Arbeits- und Kapital-produktivität u. a.	Wachstums-raten des BIP, Energiepreise usw. Regime-wechsel, Gesetzgebung usw.	Wandel der gesellschaft-lichen Werte, erfassbar aus schwachen Signalen usw.

Abb. 10.2 Klassifizierung von Indikatoren nach Kriterien

Klassifizierung nach Sicherheit von Entwicklungen

Für jeden Analysetyp mit seinen Teilaufgaben und deren Hauptkriterien sowie diesen zugeordneten Indikatoren führen Sie sodann jeweils separat eine Klassifikation der Indikatoren durch.

Zu diesem Zweck sind die im Katalog aufgelisteten Indikatoren nach deren Signifikanz und nach der Sicherheit langfristiger Entwicklungen (Einsatz dieser Klassifizierung in Szenarien der General Electric Company (Channon und Jalland 1978)), die sie widerspiegeln, aufzugliedern bzw. zu klassifizieren. Abbildung 10.2 enthält einen Vorschlag für eine solche Untergliederung mit ausgewählten Beispielen:

Weiterhin hat eine Identifizierung und Zuordnung schwacher Signale zu erfolgen (s. o.).

Auswahl von Indikatoren

> **These** Wenige signifikante Indikatoren bestimmen die Struktur von Zukunftsbildern bzw. bestimmen die Entwicklungen in die Zukunft (Naisbitt 2006)!

Damit benötigen Sie Auswahlkriterien, um die Anzahl der Indikatoren auf wenige, signifikante Indikatoren zu reduzieren, deren Entwicklung zudem mit hinreichender Sicherheit prognostizierbar ist.

Anforderungen an Indikatoren

An die Suche und Auswahl von Indikatoren sind die folgenden Anforderungen zu stellen (Hahn und Krystek 1979, S. 81 f.):

1. Sachlogischer Zusammenhang: Aus der Fülle von Indikatoren sind unter Annahme eines bestehenden Ursache-Wirkungs-Zusammenhangs solche mit langfristiger Relevanz auszuwählen (s. oben, Teil II, Kap. 6.6.1).
2. Eindeutigkeit = Entwicklungen relevanter Erscheinungen müssen sich eindeutig bestimmen lassen.
3. Frühzeitigkeit = vorauseilend = Die Indikatoren müssen z. B. unternehmensrelevante Chancen und Bedrohungen frühzeitig anzeigen; die Zeitdauer des Vorlaufs sollte bestimmbar sein.
4. Langfristigkeit = Indikatoren müssen entsprechende Entwicklungen möglichst langfristig stabil widerspiegeln.
5. Vollständigkeit: Die Indikatoren müssen in ihren Bereichen die jeweiligen Entwicklungen bis zum Abschluss der Vorausschauperiode möglichst vollständig widerspiegeln.
6. Vertretbarkeit des Aufwands: Die Informationen zur Bestimmung der Indikatoren sind zu einem vertretbaren Kosten-Nutzen-Verhältnis zu erheben.
7. Erhebbarkeit = Indikatoren müssen auf der Grundlage von existenten Informationsquellen erfassbar sein.

Festlegung von Indikatoren
In einem Prozess ineinandergreifender Analysen wie der Prüfung des sachlogischen Zusammenhangs und des zeitlichen Verhaltens ausgewählter Indikatoren filtern Sie die wichtigsten Indikatoren heraus. Die obige Abb. 10.2 erläuterte die Vorgehensweise 3).

10.2 Informationsquellen – beispielhaft

Das Internet eröffnet Ihnen von Ihrem Schreibtisch aus eine Fülle neuer Möglichkeiten. Auf diese Weise haben Sie Zugang zu Informationsquellen, die es Ihnen beispielsweise erlauben, die ausgewählten Indikatoren zur Abschätzung von Länderrisiken und des oben erwähnten Schadenspotenzials zu erfassen. (s. oben, Teil II, Kap. 7). Die folgende Abb. 10.3 enthält einen Auszug geeigneter Informationsquellen:

Importhemmnisse	Marktzugangsbarrieren und gesetzliche Vorschriften	
	Ratschläge für die Ausfuhr, Commerzbank AG	**Filialen der Commerzbank AG vor Ort**
	K und M, Konsulats- und Mustervorschriften, Handelskammer Hamburg	**www.**hk24.de
	Recht und Zoll, Länder und Märkte Germany Trade & Invest	**www.gfai.de**
Zahlungsunfähigkeit	Country Risk Rating	**euromoney.com**
	Institutional Investor – Länderrisikoanalysen	**institutional investor.com**
Pollitische Stabilität	Länder- und Risikoanalysen z. Zt. für 178 Länder, Paris	**www.moci.fr**
	Country Ratings EulerHermes Risikoklassen	**www.eulerhermes.de**
	Country Risk Report, kostenlos, z. Zt. 26 Länder	**www.atradius.com**
Korruption im Wirtschaftsleben	Transparency International Corruption Perception Index (CPI) – (TI-Korruptionsindex) z. Zt. für 178 Länder	**www.transparency.org**
Plagiate/ Fälschungen	Anteile am Welthandel	**www.foerderland.de**
	Anteile am Außenhandelsvolumen einzelner Länder wie China u. a. m.	**www.plagium.net**
	Betroffenheit einzelner Branchen	**www.welt.de/dossiers**

Abb. 10.3 Informationsquellen für Analyse und Vorausschau von Länderrisiken

10.3 Ausgestaltung von Zukunftsbildern

Als Ergebnis der Vorausschau erstellen Sie in Form eines Puzzles, d. h. Sie fügen einzelne Teile (Felder) zu Zukunftsbildern bzw. einem Gesamtbild zusammen. Schließen Sie sich der Vorgehensweise der bekannten Zukunftsforscher Kahn und Wiener (1967, S. 20 ff.) an, so verfügen Sie über drei Optionen für die Ausgestaltung Ihrer Zukunftsbilder:

1. **Standard-Zukunftsbild**: Die Erarbeitung dieses Bildes unterstellt einen überraschungsfreien Verlauf für die Entwicklung der als wesentlich für deren Ausgestaltung ausgewählten Analyse- bzw. Informationsbereiche mit deren Indikatoren.
2. **Zukunftsabbilder mit Entwicklungsvariationen**: Sie berücksichtigen unterschiedlich wahrscheinliche Entwicklungsverläufe in den als kritisch identifizierten Informationsfeldern.
3. **Zukunftsabbilder mit Integration überraschender Ereignisse**: Sie integrieren überraschende Ereignisse, deren Eintreten ein hohes Maß an Wahrscheinlichkeit aufweist.

▸ **Folgerung** Was in der Vergangenheit wohlgehütetes Wissen von Informationseliten war, lässt sich unter Einsatz des VIS „demokratisieren": Sie verfügen bei relativ geringem Aufwand an Kosten und Zeit über ein System der Vorausschau im Sinne eines Frühwarnsystems für Risiken und eines Früherkennungssystems für Chancen. Aber: Bleiben wir bescheiden: Denn der Zeitpunkt für den Eintritt der zu erwartenden Entwicklungen bleibt nach wie vor im Dunkeln. Doch auch für diesen Aspekt existieren Lösungsansätze:

- Sowohl bei der Vorausschau als auch bei der Planung empfiehlt sich eine Vorgehensweise in fixen Zeitintervallen von z. B. 3 bis 5 Jahren. Vor jeder Zeitfortschreibung ist zu überprüfen, welche Ereignisse Zustandsveränderungen im Zukunftsbild bewirken, die sich seit der letzten Zeitfortschreibung ergeben haben.
- Um auch plötzlich auftretende Turbulenzen und völlig neuartige Entwicklungen prognostizieren zu können, sind die bereits erwähnten schwachen Signale zu identifizieren. Der Leitgedanke besteht darin, dass sich Diskontinuitäten in Form von Veränderungen im Umfeld oder als Trendbrüche mit ersten Anzeichen ankündigen.
- Schließlich empfiehlt es sich einen sogenannten zentralen Ereigniskalender zu führen (Berens und Delfmann 2002). In diesem Kalender erfasst man in der Zukunft erwartete Ereignisse nach voraussichtlichen Eintrittsterminen und sortiert diese nach Datum in einer aufsteigenden Reihenfolge. Das ausgearbeitete Zukunftsbild und die entsprechende Perspektivplanung sind nach einem solchen Ereignis neu auszurichten.

Literaturverzeichnis

Berens W (2002) Delfmann, Quantitative Planung, 3. Aufl. Schäffer Poeschel, Stuttgart

Channon DF, Jalland M (1978) Multinational Strategic Planning. Macmillan Press, London

Fasse FW (1995) Risk-Management im strategischen internationalen Marketing. S + W Verlag, Hamburg

Geschka H, von Reibnitz U (1983) Die Szenario-Technik – ein Instrument der Zukunftsanalyse und der strategischen Planung. In: Töpfer A, Afheldt H (Hrsg) Praxis der strategischen Unternehmensplanung. Alfred Metzner Verlag, Frankfurt

Hahn D, Krystek U (1979) Betriebliche und überbetriebliche Frühwarnsysteme für die Industrie. ZfbF 29(7):76

Hamel G, Prahalad CK (1997) Wettlauf um die Zukunft. Ueberreuter, Wien

Hamel G (2001) Das revolutionäre Unternehmen. Econ Verlag, München

Kahn H, Wiener AJ (1967) The Year 2000: A Framework for Speculation on the Next Thirty-Three Years. Macmillan Press, New York

Müller-Stewens G, Lechner C (2003) Strategisches Management, 2. Aufl. Schäffer Poeschel, Stuttgart

Naisbitt J (2007) Mindset! Hanser Verlag, München

Sachverzeichnis

G. Stahr, *Der Weg zu Weltinnovationen*, DOI 10.1007/978-3-8349-3725-4,

G

H

I

K

L

M

N

Der Autor

Prof. Dr. Dr. Gunter R. K. Stahr, seit 2007 Wissenschaftlicher Leiter der International Business Services Prof. Dr. Dr. G. Stahr, hat vier Jahre lang an diesem Buch geschrieben. Sein gewagter Blick in die Zukunft basiert auf seinen umfassenden Erfahrungen: als Professor für Betriebswirtschaftslehre in Köln, als Unternehmensberater, als Träger von Projekten für den DIHK (und bedeutende IHKs) sowie den BDI, als Gastprofessor an der Université du Havre (deren Ehrendoktor), an der Loyola-Marymount University, Los Angeles, als Gastdozent an der Moskauer staatliche Lomonosov-Universität und an der Marketing Skolan in Oslo sowie als Direktor der Instituts für Außenwirtschaft in Köln und Berlin. Er ist Autor von mehr als 20 Fachbüchern und 200 Aufsätzen aus den Bereichen Internationales Marketing, Unternehmensstrategie und -planung sowie zu Ursache-Wirkungsanalysen im globalen Geschäft. Er wohnt mit seiner Frau, zwei Töchtern und vier Hunden in der Kölner Südstadt.

Printed by Printforce, the Netherlands